AI绘画

全场景案例
应用与实践

王双　王佑琳　朱美霞◎编著

清华大学出版社

北京

内容简介

本书从 AI 绘画的应用现状、模型与微调、常用技巧、创意设计和场景应用 5 个方面详细介绍其应用，基本涵盖当前所有的主流 AI 绘画应用场景，是一本进阶提升图书。本书针对各种应用场景，综合使用 Photoshop AI、Midjourney 和 webUI（Stable Diffusion、可图、混元和 Flux）等 AI 绘画工具进行创作，并提出多种解决方案。本书提供配套教学视频、模型训练集、提示词库、插件安装文件等配套资料，帮助读者高效、直观地学习。

本书共 9 章。第 1 章介绍 AI 绘画在不同行业的应用现状；第 2 章详细介绍模型的分类、选择与微调；第 3 章介绍如何使用 AI 完成日常图像的编辑；第 4 章介绍艺术字和二维码等 9 种 AI 创意应用；第 5 章全面介绍 AI 服装模特及服装设计；第 6 章介绍 AI 在环境艺术设计中的应用；第 7 章介绍 6 种 AI 品牌与视觉案例；第 8 章介绍不同类型海报的 AI 设计技巧；第 9 章介绍如何使用 AI 生成人像写真。

本书案例丰富，实用性强，特别适合有一定 AI 绘画基础的进阶人员阅读，帮助他们快速掌握 AI 绘画的技巧并了解其商业应用场景，也适合高等院校和培训机构作为相关实训课程的案例教学用书，还适合相关从业者作为工具书，针对具体应用场景，按图索骥相关解决方案。

图书在版编目（CIP）数据

AI 绘画全场景案例应用与实践 / 王双，王佑琳，朱美霞编著 . —— 北京：清华大学出版社，2024. 8.

ISBN 978-7-302-67062-9

Ⅰ . TP391.413

中国国家版本馆 CIP 数据核字第 202449Y9E2 号

责任编辑：王中英
封面设计：欧振旭
责任校对：胡伟民
责任印制：杨　艳

出版发行：清华大学出版社

网　　址：https://www.tup.com.cn，https://www.wqxuetang.com
地　　址：北京清华大学学研大厦 A 座　　　　邮　编：100084
社 总 机：010-83470000　　　　　　　　　邮　购：010-62786544
投稿与读者服务：010-62776969，c-service@tup.tsinghua.edu.cn
质量反馈：010-62772015，zhiliang@tup.tsinghua.edu.cn

印 装 者：大厂回族自治县彩虹印刷有限公司
经　　销：全国新华书店
开　　本：185mm×260mm　　　印　张：13.75　　字　数：345 千字
版　　次：2024 年 9 月第 1 版　　　　　　　　印　次：2024 年 9 月第 1 次印刷
定　　价：89.80 元

产品编号：108443-01

前　言
FOREWORD

　　从 2022 年底至今，AI 绘画、AI 视频和 AI 音频已经从当初的"有趣好玩"快速进化为如今的为企业降本增效、提高生产力的热门工具。尤其对于设计和艺术等领域，它们更是以不可阻挡的趋势高速发展着，给这些领域的学习者和从业人员带来了很大的冲击。可以说，未来已来，设计和艺术等相关行业都会被 AI 绘画、AI 视频和 AI 音频重塑，置身行业中的每个人都不得不学习和掌握这些新兴技术，这些领域的"趣玩"爱好者也要进化为给企业提供应用解决方案的专家。

　　为了帮助广大从事设计和艺术创作的人快速了解和学习 AI 绘画与 AI 音视频生成技术，笔者于 2023 年就开始组织人员筹划相关图书的写作和出版事宜，并于 2024 年 1 月率先出版了《AI 绘画大师之道：轻松入门》。该书出版后获得了广大读者的好评，有很多读者建议推出 AI 绘画进阶实战类图书，以及 AI 视频与 AI 音频生成类图书。笔者经过市场调研，决定推出《AI 绘画全场景案例应用与实践》《AI 绘画模型微调应用与实践》《AIGC 绘画与音视频生成：ComfyUI 工作流应用与实践》《AI 视频生成：原理、工具、应用与实践》《AI 音频生成：原理、工具、应用与实践》5 本书来进一步满足读者的学习需求。

　　本书为《AI 绘画全场景案例应用与实践》，从 AI 绘画的应用现状、模型及其微调、常用技巧、创意设计和场景应用 5 个方面介绍 AI 绘画应用与实践的相关知识。本书通过 58 个场景应用案例，全面展现 AI 绘画如何解决不同场景下的应用问题，并针对每个具体应用场景，尽可能给出多种 AI 实现方法，帮助读者活学活用，达到学以致用的目的。

　　本书采用全彩印刷，效果精美。书中对中英文提示词用蓝色突出显示，对一些参数、选项和菜单用紫色突出显示，以提高阅读体验。

本书特色

- ❑ 轻松上手：通过"图书＋视频＋拓展学习＋答疑"的立体教学方式，带领读者轻松上手。
- ❑ 内容全面：全面涵盖 AI 绘画的应用现状、模型及其微调、常用技巧、创意设计和场景应用 5 个方面的知识。
- ❑ 技术新颖：紧跟技术发展趋势，基于新版 SD-webUI、训练模型和插件工具进行写作。
- ❑ 图文并茂：结合近 290 幅图进行讲解，直观地展现 AI 绘画的技巧与实际出图效果。
- ❑ 实践性强：提供 58 个类型丰富、由易到难的经典实战案例，基本覆盖 AI 绘画的所有常见场景应用，从而快速提高读者的 AI 绘画水平。

□ 举一反三：针对同一场景应用，提供多种实现思路，帮助读者融会贯通，从而达到举一反三的学习效果。

□ 资料超值：提供大量的超值配套学习资料，帮助读者高效、直观地学习。

□ 服务完善：提供 QQ 群、B 站、电子邮箱和公众号等多种服务渠道，为读者的学习保驾护航。

本书内容

第 1 章 AI 绘画应用现状与展望，从宏观上介绍 AI 对生产力的巨大提升，并从行业角度分析爆火的"妙鸭"写真对传统摄影的影响，还介绍 AI 绘画快速渗透淘宝电商这一热点现象，认为 AI 绘画将在极短的时间内完成对潜在商业场景的渗透，并形成新的商业逻辑与生态。

第 2 章模型与微调，首先介绍模型的查找、分类、选择、下载与保存等基本概念与技巧，然后结合案例详细介绍 Textual Inversion 和 LoRA 模型的使用方法，涉及训练集的准备、参数的设置和训练技巧等细节。

第 3 章常用的图像编辑技巧，主要介绍常见图像编辑场景的 AI 解决方案，力图针对同一问题提出多种实现思路。这些应用场景包括给图像添加内容、制作证件照、集体照我不在、给婚纱照换背景、个性化人物头像、移除路人和水印、线稿上色、扩图和修复老照片等。

第 4 章创意应用，主要介绍 AI 绘画的创意工具及其用法，包括创意图标的制作、手绘 GIF、让图像中的人说话、拖曳改图、涂鸦、艺术字、错觉艺术、全景图和艺术二维码等内容。

第 5 章电商模特与服装设计，主要介绍 AI 生成电商模特的常用技巧及当前流行的虚拟试衣项目，最后还介绍几种 AI 服装设计的常见思路与技巧。通过阅读本章，读者可以全面掌握 AI 绘画技巧并了解相关新技术的进展。

第 6 章室内装修设计与园林建筑设计，结合毛坯房生成效果图、户型图生成布局图、旧房改造效果图、体块效果图和园林效果图等案例，详细介绍 AI 在室内装修设计与园林建筑设计中的应用，并总结 AI 绘画技巧与注意事项。

第 7 章品牌与视觉设计，通过 3D 人偶设计、珠宝设计、室内家具设计、挂画设计、摆件设计、潮鞋设计、Logo 设计、Icon 设计和包装设计等多个应用案例，演示 AI 绘画的实际效果，提供热门、效果较好的 LoRA 模型供读者使用并演示其创作过程与使用技巧。

第 8 章海报设计，主要介绍 AI 在海报设计中的应用，其中重点介绍直接生成、更换背景、生成背景并添加文字和生成文字 4 种海报生成技巧，并在节日、招聘、活动、促销、商品和店铺招牌等海报制作场景中展示上述技巧的实现细节。

第 9 章个人写真，主要介绍 AI 在个人写真中的应用，重点展示训练个人 LoRA 模型实现写真的详细过程，并演示"妙鸭"和应用商店写真应用，还介绍 FaceID、InstantID、PhotoMaker 和 Portrait Master 等流行人像写真技术的用法并展示其生成的效果。

读者对象

本书主要针对有一定 AI 绘画基础的进阶提升读者。没有基础的读者建议先阅读笔者参与编写的《AI 绘画大师之道：轻松入门》一书。具体而言，本书的读者对象如下：

- ❑ 有一定基础的 AI 绘画师；
- ❑ 电商与需要降本增效企业的从业人员；
- ❑ 想启发灵感并提高工作效率的设计师与艺术创作者；
- ❑ 自媒体内容创作者；
- ❑ 向 AIGC 转型的从业者；
- ❑ 高等院校设计与艺术等相关专业的学生和教师；
- ❑ AI 绘画培训机构的学员。

配套资料获取方式

本书赠送以下超值配套资料：

- ❑ 教学视频；
- ❑ LoRA 的训练集；
- ❑ 提示词库；
- ❑ 底图文件；
- ❑ 教学 PPT；
- ❑ 插件安装文件。

上述配套资料有两种获取方式：一是关注微信公众号"方大卓越"，回复数字"33"自动获取下载链接；二是在清华大学出版社网站（www.tup.com.cn）上搜索到本书，然后在本书页面上找到"资源下载"栏目，单击"网络资源"或"课件下载"按钮进行下载。另外，读者也可以在"B 站"上查找 UP 主"可学 AI"，在线观看本书配套教学视频。

意见反馈

AI 绘画的相关功能一直在高速迭代中，虽然本书直到交稿前仍然在不断地跟进和完善，但是因笔者水平所限，书中可能还存在一些疏漏，敬请各位读者批评与指正，笔者会及时进行调整和修改。读者可通过本书 QQ 书友群或电子邮箱（bookservice2008@163.com）联系我们，也可关注微信公众号"可学 AI"，了解 AIGC 的进展与相关信息。读者可关注微信公众号"方大卓越"，回复数字"33"自动获取书友群号等信息。

致谢

感谢张洋、王浩铭、白玉棋、谭芬芳和董世超在本书写作期间给予笔者的支持与帮助！
感谢欧振旭在本书策划出版过程中给予笔者的大力支持与帮助！
感谢清华大学出版社参与本书出版的所有人员！是你们一丝不苟的精神，才使得本书得以高质量出版。
感谢妻子琼和女儿朵朵在漫长且艰难的写书过程中给予笔者的无私支持，谢谢你们！

王双
2024 年 7 月

目 录
CONTENTS

第 1 章　AI 绘画应用现状与展望 ···1

　1.1　冲击：生产力革命 ··1

　1.2　应用：妙鸭效应与淘宝电商 ··6

　　1.2.1　妙鸭效应 ···6

　　1.2.2　淘宝电商：AI 绘画商业化玩家 ·······································7

　1.3　未来展望 ··11

第 2 章　模型与微调 ···13

　2.1　模型概述 ··13

　　2.1.1　模型简介 ···13

　　2.1.2　Civitai 模型场景分类与查找 ···16

　　2.1.3　模型下载与保存 ···19

　2.2　Textual Inversion 微调 ··20

　　2.2.1　准备训练集 ···21

　　2.2.2　创建新的 Embedding ···23

　　2.2.3　模型训练 ···24

　　2.2.4　参数与注意事项 ···26

　　2.2.5　使用模型 ···28

　2.3　LoRA 微调 ··29

　　2.3.1　处理训练集 ···30

　　2.3.2　修改 LoRA 模型的训练参数 ··32

　　2.3.3　开始训练 ···34

　　2.3.4　使用模型 ···36

　2.4　Hypernetworks 与 DreamBooth 模型 ·······································37

第 3 章　常用的图像编辑技巧 ··38

　3.1　给图像添加内容 ···38

3.2　制作证件照 ……………………………………………………………… 40

3.3　集体照我不在 …………………………………………………………… 43

3.4　给婚纱照换背景 ………………………………………………………… 44

3.5　个性化人物头像 ………………………………………………………… 45

3.6　移除路人和水印 ………………………………………………………… 49

　　3.6.1　移除路人 ……………………………………………………… 49

　　3.6.2　移除水印 ……………………………………………………… 50

3.7　线稿上色 ………………………………………………………………… 52

3.8　扩图 ……………………………………………………………………… 53

3.9　修复老照片 ……………………………………………………………… 57

第 4 章　创意应用 …………………………………………………………… 60

4.1　创意图标的制作：Google 简笔画 …………………………………… 60

4.2　手绘 GIF：Meta Sketch 让儿童涂鸦动起来 ……………………… 61

4.3　让图像中的人说话：SadTalker ……………………………………… 63

4.4　拖曳改图：DragDiffusion ………………………………………… 64

4.5　涂鸦：Stable Doodle ………………………………………………… 65

4.6　艺术字：无限创意 ……………………………………………………… 67

4.7　错觉艺术：Illusion Diffusion 模型 ………………………………… 70

　　4.7.1　基于 ControlNet 实现错觉效果 …………………………… 71

　　4.7.2　基于 Illusion Diffusion 实现错觉效果 …………………… 72

4.8　全景图：SkyBox 与 ControlNet ……………………………………… 73

　　4.8.1　使用 SkyBox 实现全景图 …………………………………… 73

　　4.8.2　使用 ControlNet 实现全景图 ……………………………… 75

4.9　艺术二维码 ……………………………………………………………… 77

　　4.9.1　生成过程 ……………………………………………………… 78

　　4.9.2　效果展示 ……………………………………………………… 81

　　4.9.3　生成经验 ……………………………………………………… 82

第 5 章　电商模特与服装设计 …………………………………………… 83

5.1　给平铺图配模特 ………………………………………………………… 84

5.2　人台 ……………………………………………………………………… 90

　　5.2.1　上传重绘蒙版法 ……………………………………………… 91

　　5.2.2　局部重绘法 …………………………………………………… 94

5.3　将真人模特换脸 ………………………………………………………… 98

5.4　完全使用 AI 生成模特 ………………………………………………… 99

　　5.4.1　Anydoor 简介 ……………………………………………… 100

　　5.4.2　Outfit Anyone 简介 ……………………………………… 100

　　　　5.4.3　可学试衣简介 ··· 102

　　　　5.4.4　其他虚拟试衣平台 ·· 103

　　5.5　服装设计 ··· 105

　　　　5.5.1　创意启发：服装定制 ·· 105

　　　　5.5.2　融合创新：学习爆款 ·· 106

第6章　室内装修设计与园林建筑设计 ·· 110

　　6.1　室内装修设计 ··· 110

　　　　6.1.1　毛坯房设计 ··· 110

　　　　6.1.2　室内装修：线稿与体块 ·· 113

　　　　6.1.3　平面图的布局设计 ·· 117

　　6.2　园林建筑设计 ··· 121

　　　　6.2.1　旧房改造 ·· 121

　　　　6.2.2　草图与体块 ·· 124

　　　　6.2.3　园林设计：线稿 ·· 126

第7章　品牌与视觉设计 ··· 128

　　7.1　3D人偶设计 ··· 128

　　　　7.1.1　创意启发 ·· 128

　　　　7.1.2　线稿与三视图 ·· 131

　　7.2　珠宝设计 ··· 136

　　7.3　室内家具设计 ··· 140

　　7.4　挂画与摆件设计 ·· 143

　　　　7.4.1　挂画设计 ·· 144

　　　　7.4.2　摆件设计 ·· 149

　　7.5　潮鞋设计 ··· 151

　　　　7.5.1　私人定制 ·· 151

　　　　7.5.2　制作爆款 ·· 153

　　7.6　Logo与Icon设计 ·· 154

　　　　7.6.1　基于在线平台生成Logo ··· 155

　　　　7.6.2　基于Logo类的LoRA模型生成Logo ····························· 156

　　　　7.6.3　基于Icon类的LoRA模型生成Icon ······························· 158

　　　　7.6.4　基于Midjourney生成Logo或Icon ································· 161

　　7.7　包装设计 ··· 164

第8章　海报设计 ·· 168

　　8.1　AI海报的常用解决方案 ··· 168

8.1.1 直接生成海报 ·· 168

8.1.2 更换背景 ··· 172

8.1.3 生成背景并添加文字 ·· 175

8.1.4 直接生成文字版海报 ·· 180

8.2 场景展示 ··· 181

8.2.1 节日海报 ··· 181

8.2.2 招聘海报 ··· 182

8.2.3 活动海报 ··· 183

8.2.4 促销海报 ··· 185

8.2.5 商品海报 ··· 186

8.2.6 店铺招牌 ··· 187

第 9 章 个人写真 ···188

9.1 训练个人 LoRA 模型生成写真 ·· 188

9.1.1 训练个人写真 LoRA 模型 ··· 188

9.1.2 使用 LoRA 模型生成个人写真 ·· 190

9.2 使用应用生成个人写真 ·· 193

9.2.1 妙鸭写真 ··· 193

9.2.2 应用商店 ··· 196

9.3 个人写真模型 ··· 197

9.3.1 InstantID 简介 ··· 197

9.3.2 PhotoMaker 简介 ··· 201

9.3.3 Portrait Master 简介 ·· 203

9.3.4 其他模型 ··· 204

9.3.5 小结 ·· 206

第 **1** 章

AI 绘画应用现状与展望

比尔·盖茨将 2022 年 10 月开始的以 ChatGPT 为代表的人工智能浪潮称为"第四次工业革命"。迄今为止，人类经历了蒸汽技术、电气技术、信息化技术三次重塑人类社会的工业革命。无论个人、企业、国家，还是政治、经济、文化，都随着新技术的出现而被"革命"。

艺术家与设计师亦不例外。AI 绘画（Artificial Intelligence Painting）全面影响着他们的创作方式及工作。很多人将 AI 绘画称为 iPhone 时代，这意味着人工智能将带来完全不同的视觉呈现方式。从 2010 年之后，传统按键手机全面被智能手机取代，而拒绝改变的诺基亚很快被市场淘汰。历史总是惊人的相似，面对 AIGC（Artificial Intelligence Generated Content，生成式人工智能）的冲击，我们是否主动拥抱并加以利用，决定了每个人的未来。

1.1 冲击：生产力革命

有人说，AI 是促使碳基生命向硅基生命转移的加速器。据相关资料统计，2023 年，不计入人们每天平均在腾讯会议、钉钉等各类办公系统所用的 4 小时的时间，人们每天在微博、微信、抖音、淘宝等平台会消耗 3 个小时以上的时间。由此可以简单地认为，人们每天大概有 1/4 的时间生活在硅基世界中。通用人工智能显著加快了这一速度。ChatGPT 在短短数月的时间内学习完人类耗费数千年积累的知识，消化吸收后又高效地重新输出。ChatGPT 拥有人类这一碳基生命的全部经验，从知识层面上完成了对碳基生命的取代。

下面我们回顾一下 AI 艺术的里程碑事件，看看人工智能是如何快速学会绘画并超越人类的。

2018 年 10 月，来自巴黎的艺术组织 Obvious 使用生成对抗网络生成了一幅肖像图，在佳士得纽约拍卖会上以将近 300 万人民币的高价售出，如图 1-1 所示。这是世界上第一幅走进拍卖会场的 AI 画作。这幅画作平平无奇却拍出如此的高价，令很多人不可思议。经历过短暂的冲击后，AI 绘画并未引起广泛的关注。

图 1-1 Edmond de Belamy（爱德蒙·贝拉米的肖像）

2020 年 11 月，"壳牌汽车环保马拉松"首次引入数字艺术理念，并邀请微软"小冰"为大赛设计海报，如图 1-2 所示。"小冰"并没有随机涂鸦，相反，它拥有完善的创作理念：丰富的线条仿佛马拉松的赛道，充满热血激情的红色赛道与象征着环保节能的蓝、黄赛道交相辉映，描绘出精彩的 2020 年"壳牌汽车环保马拉松"的主题。

图 1-2 "小冰"创作的作品

2022 年 8 月，在美国科罗拉多州举办的新兴数字艺术家竞赛中，使用 Midjourney 绘制的《太空歌剧院》获得一等奖，如图 1-3 所示。这幅 AI 作品虽然结构宏大、设计科幻，但是该奖项充满争议，人类艺术家受到了巨大的挑战，艺术家们在提出质疑的同时也感到了不安。

2023 年 4 月，德国艺术家鲍里斯·埃尔达森基于 DALL E2 模型生成摄影作品《虚假记忆：电工》，荣获 2023 年度索尼世界摄影奖的创意类大奖，如图 1-4 所示。此时，AI 绘画已经完成蜕变，Midjourney 与 Stable Diffusion 已经生成了数十亿张精美作品。人类艺术家开始承认 AI 创作可以媲美人类，他们开始主动拥抱 AI。

图 1-3 《太空歌剧院》作品展示

图 1-4 《虚假记忆：电工》作品展示

从观望、质疑到拥抱，人类艺术家面对 AI 绘画的态度变化，和文字工作者面对

ChatGPT 的心态几乎一模一样。如今，很多人都在用 ChatGPT 辅助写作，AI 绘画也被越来越多的人所使用。

根据 Everypixel Journal 2023 年 8 月公布的数据显示，自 2022 年 2 月起，人们使用生成式 AI 在短短的 18 个月中创作了超过 150 亿张图像，如图 1-5 所示。然而，从 1826 年人类拍摄的第一张照片开始，直到 1975 年，人类才获得 150 亿张图像。Adobe 在 2023 年推出 Adobe Firefly 三个月后，用户创建了 10 亿张图像。Midjourney 不到一年就获得 1500 万个全球注册用户，这些用户持续每天创建 250 万张图像，已经创造了 9.64 亿张图像。开源模型 Stable Diffusion 创建了近 126 亿张图像。一夜之间，小红书、微信朋友圈、抖音等平台的精美图像让人产生 AI 绘画已经全面普及的错觉。

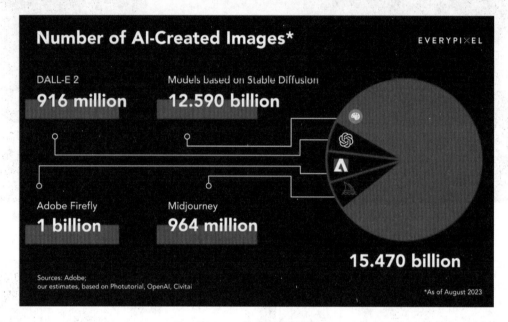

图 1-5　生成图像数据

AI 绘画的历史虽短，但却在艺术创作领域产生了革命性的影响。下面从以下几个方面进行分析。

1. AI 绘画促使艺术平民化

在 AI 绘画之前，一个人要成为艺术家，需要经过长期、系统性的学习，并且需要灵敏的直觉和高雅的审美情趣。如今，人们可以基于在线 AI 绘画平台，使用简单的内容与风格提示词快速生成数张乃至数十张作品，然后从中挑选满意的图像。简单、快速、可得，就像使用 GPT 一样，基本上与智商、阶层、成本无关。面对互联网上无数"需授权方可使用"的产权图像，普通人也能享受艺术创作的快乐，也能创作艺术作品，这是一个伟大的进步。虽然这对艺术家略显残酷，但是 AI 的确可以消除人类的个体差异。

2. AI 绘画激发创作灵感

AI 大模型的理解力有时差强人意，但其创造力却远超人类。这一现象不仅体现在语言类 GPT 大模型中，在 AI 绘画大模型中同样显著。艺术家使用提示词引导 AI 生成图片，获得的图片一般不能完全体现提示词的内容。但 AI 可以围绕提示词中的关键内容在几分钟内生成多种风格、不同构图的数十张图像，这些图像或许总体上无法令人满意，但总会有几张图像或者几处细节令人灵机一动，将这些元素吸收，就形成了艺术家的灵感。实际上，很多艺术家直接使用提示词就完成了艺术创作。

3. AI 绘画显著提高了设计生产力

如果说艺术更关注"美"本身，那么设计则更关注商业价值。在洽谈商业合同时，设计师可以使用 AI 快速生成多风格的样图供客户挑选，这样不仅可以减少沟通成本，而且可以提高洽谈的成功率。面对客户选定的方案，设计师经常冥思苦想却毫无创意。利用 AI 绘画，采用提示词或底图进行引导，从而批量生成大量图像，设计师可以从中快速寻找创意。在确定创意后，很多设计师直接使用 AI 图像进行精修。

4. AI 绘画重构设计流程

AI 能帮原画提高近 50% 的效率，前面 50% 的工作由 AI 去完成，后面 50% 的工作由原画师按照甲方的要求去修改。有些 AI 生成的图像甚至不需要修改就可以使用。在 2023 年之前，谁也想不到艺术设计的流程会成为 AI 先进行创作，人类再进行精修或模型微调。而 AI 创作的成本基本为 0，这为设计行业大幅降本增效提供了可能。例如，单个游戏角色创作成本不低于 8 000 元，如果游戏公司先给出 AI 参考图，外包人员负责精修，那么成本可快速降低到 2 000 元左右。如今，很多设计公司主动拥抱 AI，探索 AI 辅助设计的最佳工作流。在室内设计中，整个设计环节中供客户参考的效果图、布局图、过程渲染预览、材质效果预览、灯光效果预览等都可以用 AI 快速完成。部分工作室已经建立了设计工作流，可提高成单率，使总体时间压缩一半（特别是沟通时间，大部分客户在与设计师沟通时并不能完全理解对方的意图，AI 绘画能快速提供样图，从而明确设计意向），降低对高级设计师的依赖，从而降低总成本。在某些场景甚至可以以 AI 绘画为主，构建少量人工辅助 AI 的高效工作流，直接完成所有的设计。

AI 绘画已经在拍卖会、设计、艺术和摄影等行业中引起了巨大的反响，许多艺术设计从业者都在担心自己是否会失业，与其被动地接受未知的风险，不如主动把握机遇，学习新工具，掌握未来。正如王思所言："反对在资本面前一点用都没有。与其反对，不如与 AI 共生，掌握并使用它，如果一直反对，肯定会被时代淘汰"。

我们要承认 AI 绘画对设计师岗位构成的威胁，然后面对这个挑战，发挥人类的优势错位竞争。无论 AI 绘画的效率多么高，多么有创意，但评价者只能是人类。设计师"抽卡"时的审美及后续基于 AI 图片的精修，是其区别于普通人的价值所在。

同时，我们也要承认 AI 绘画带来的便利并善加利用。设计师常常需要花费大量精力用在创意、草图和排版工作上，AI 绘画辅助设计能大幅加快这些工作。另外，AI 绘画能帮助设计师与客户更好地沟通，快速确定初始方案。

有个网友的观点很有意思：设计师是最适合操作 AI 绘画的专业人士之一，而不是被 AI 替代。

1.2 应用：妙鸭效应与淘宝电商

Midjourney 精美的成像质量、Stable Diffusion 基于 LoRA 模型风格定制的丰富生态与基于 ControlNet 的可控成图，在摄影界催生出了一种全新的流派——AI 流。

AI 摄影流派将会改变传统的写真类影楼的拍摄方式。在传统的婚纱拍摄过程中，一般是客户辛苦奔波、摄影师跟拍的方式，如果变成为客户定制 LoRA 模型、生成任意风格写真的模式，那么可以将拍摄成本从 6000 元左右压缩至 300 元左右，拍摄周期从 3 周压缩至 1 天左右。同时，婚纱照的个性化、多样化、艺术性可以更高。表 1-1 为传统婚纱摄影与 AI 婚纱摄影的对比。

如果客户中有人熟悉 AI 绘画，甚至可以自己完成所有的流程。即使不熟悉，也可以通过 AI 写真类软件快速制作婚纱照。例如，2023 年火爆全网的妙鸭相机软件便提供了包括形象照、证件照、个性写真等颠覆传统影楼和照相馆的 AI 摄影功能。

表 1-1　传统婚纱摄影与 AI 婚纱摄影对比

传统婚纱摄影	AI 婚纱摄影
约摄影师选套餐	约 AI 摄影师（或者使用软件）
商量拍摄风格	按 AI 摄影师要求提供单人照和合照照片
商量拍摄场地	
选服装	AI 摄影师训练 LoRA 模型
准备服装与拍摄器材等	与 AI 摄影师一起商量提示词
用 1 天时间进行拍摄	与 AI 摄影师一起挑选融合风格的 LoRA 模型
选图	从 AI 批量生成的图像中选择满意的图像
对选图进行精修（费用为 6000 元左右，时间约 3 周以上）	AI 摄影师使用 Photoshop（简写为 PS）精修
	费用为 300 元左右，时间约 1 天
如不满意，重新拍摄	如不满意可任意修改

1.2.1　妙鸭效应

2023 年 7 月 17 日，妙鸭相机横空出世，在没有全面宣传的前提下，凭借其简单、易用的操作与堪比摄影师的惊艳效果，迅速成为爆款应用。妙鸭相机在上线一天内，代表互联网热度的百度指数日环比增幅 400 多倍，微信指数快速升至并超越 1800 万，如图 1-6 所示，不到两周其就火遍朋友圈。妙鸭相机是国内第一个普及度较高的商业化的手机 AI 绘画应用。

对于 AI 绘画技术而言，基于用户照片进行微调、定制个性化 AI 写真非常容易。妙鸭相机第一个实现了产品化，并迅速破圈，从而掀起了 AI 写真应用大战。在妙鸭相机推出后的短短三天内，小红书、美图秀秀等"头部大厂"也推出了竞品。一周后，在手机应用商店中能搜索到数十个 AI 写真应用，它们推出了在线生成童年照、证件照、宠物写真照，以及 AI 打光、AI 头像制作和 AI 修复老照片等细分的功能。

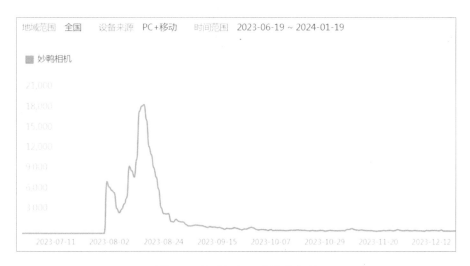

图 1-6　妙鸭相机百度搜索指数

据调查，如海马体、天真蓝等针对一线和二线城市的女性开展的个人写真影楼，平均客单价为 300 ~ 400 元。然而，大部分女性对价格都较为敏感，而且部分女性对选服装、化妆、做造型以及去实地拍摄然后选片等烦琐的流程感到疲惫，这些都会抑制她们的消费欲望。妙鸭相机产品具有低价、易得、个性化等特点，用户按规定上传数张照片后，仅需 9.9 元生成"数字分身"，然后选择个性化模板生成写真照片，如果要下载写真照片则要另外付费。相比海马体等传统摄影方式，用户能低成本、快速地从妙鸭相机上获得自己的写真且更具个性化，妙鸭相机提供传统摄影无法提供的敦煌风、二次元风、科幻风、武侠风、水墨风等几乎任意风格。

"AIGC（AI Generated Content，人工智能生成内容）时代的产品，如果第一天收不到用户钱，就永远收不到用户钱。"妙鸭相机产品负责人张月光认为，用户是否肯付费也是产品的试金石。妙鸭相机能够让用户付费，并快速火爆全网，说明 AI 绘画具有替代传统摄影的价值，已经可以产品化、商业化。

2022 年 11 月底，国外个性化头像生成软件 Lensa 火爆全球。在 12 月的前 5 天，就有 400 多万用户下载了 Lensa，令 Lensa 不到一周赚了 820 万美金。据说，在 2022 年 12 月，Lensa 日均收入近 300 万美金。2023 年 7 月，知名的老照片修复软件 Remini 利用 AI 换脸技术帮助用户预测自己的孩子的长相，从而迅速登顶美国应用排行榜榜首。预测孩子的长相是永远不缺关注度、富有娱乐性、具有社媒传播力的话题，Remini 通过 AI 绘画将预测孩子的长相产品化且人人可玩，实现了 AI 绘画与流量的精准对接。

Sensor Tower 在其《2023 年 AI 应用市场洞察》报告中提出，仅 2023 年上半年，AI 图像类相关应用超过 150 余款，下载量突破 1 亿次。这项数据表明，AI 绘画应用正在快速发展，并将逐步普及。

1.2.2　淘宝电商：AI 绘画商业化玩家

电商作为 AI 绘画最容易落地的场景，嗅觉敏锐，是国内最早应用 AI 绘画实现降本增效的行业。电商中的先行者使用 AI 可以辅助服装设计、生成商品展示模特、制作商品广告，甚至使用 AI 完成店铺设计，这些案例从各个角度证明 AI 绘画商业化是可行的。

另外，一些设计师和工作室利用淘宝、咸鱼等电商平台，用 AI 绘画技术进行在线接单，帮助客户定制专属头像和进行老照片修复，获得了大量订单。下面分享几个成功的商业化案例。

1. 小绿裙——利用 AI 进行服装设计

2023 年 3 月，小红书上突然出现一条爆火的"AI 同款小绿裙"，成为 AI 服装设计的标志性事件。

AI 人物绘画博主可可经常在小红书上分享二次元风格的 AI 美女图像。这些美女图像展示了不同发型、配饰和服装穿搭效果，其中包括一张可爱的绿裙女孩图像。当时正是 AI 绘画工具最受关注的时期，大量博主都会分享自己的 AI 绘画作品，所以博主可可的分享是很平常的行为。

然而，大家看中了这条小绿裙，但在淘宝网上找不到同款，因此这幅图像开始被广泛讨论。博主可可也快速涨粉 10 万以上。

2023 年 3 月 26 日，另一位小红书女装博主发文称"全网在找的绿色连衣裙出现啦"，文中表示她已征得博主可可的授权，可参考 AI 小绿裙做出真实的小绿裙。博主可可热情回应，置顶了该博主。人们在评论区"焦急坐等"购买链接。随后，某女装供应链在获得可可的授权后快速上新，销量爆火。其他商家纷纷跟风做出了各种款式高度相似的小绿裙。

从博主可可分享 AI 小绿裙女孩图像开始，到其成为热门话题，再到商家跟进生产，买家热情购买，展示了一个完整的由 AI 辅助服装设计的流程。

根据小红书上小绿裙的商品信息，各种基于 AI 绿裙款式的小绿裙的售价普遍在每条 150 ~ 300 元，销量大部分在千件左右，如图 1-7 所示。事实证明，AI 赋能服装设计是有机会具有较高的商业价值的。

小绿裙事件给服装行业带来了新的商业机遇，主要表现在以下两点。

1）算力代替人力

在设计层面，无论完全创新还是基于流行的爆款进行改进，都需要服装设计师去完成。设计师本身的审美、创意和对时尚的敏感度是决定服装流行程度的关键因素之一。然而，生成式 AI 使用算力可以在一小时内根据提示词生成数百上千张服装图像，并且不受设计师本人天赋的限制，我们只需要择优即可。

2）先展示后生产

AI 会基于算力优势部分替代设计师人力，设计师仅需针对 AI 作品进行挑选即可，设计成本大幅降低，并且可以采用先设计后生产的模式。在这种模式下，设计师通过 AI 生成各种精美的服装图像，展示多角度、多姿势 AI 模特上身效果并提供预售。粉丝或者顾客对自己喜欢的衣服进行点赞并可以预订，如果某件衣服的预订数量超过 50 件，即可打版生产，如图 1-8 所示。

图 1-7　小绿裙爆火

图 1-8　某个淘宝店铺展示的商品

先展示后生产，本质上是对服装产品一直遵循的设计、生产、销售这个基本流程的"革命"。AI 绘画提供了低成本的设计能力，基于电商平台，个人创业者可以提供具有创意的"预售品"，由喜欢的买家进行预定，达到预订的数量后再生产。在这种新模式下，服装生产者只生产受欢迎的款式，规避了某些款式生产后不受欢迎的风险，降低了运营成本，同时也节省了模特、设计和拍摄等费用，具有较大的商业价值。

2. 卢咪微——纯 AI 的淘宝店铺

2023 年 4 月，一家名叫"卢咪微 LumiWink"的淘宝店铺上线了，如图 1-9 所示。这家淘宝店的"AI 味"很浓，由 3 个人借助 Midjourney 等工具，在两周内完成了原本需要大量人力、资金和时间才能完成的店铺搭建和商品上架工作。

图 1-9   卢咪微 LumiWink 店铺首页

据 36 氪（店铺的主理人）说，店铺的商品图、海报及 Logo 几乎都是由 Midjourney 生成的，文案部分基本也由 ChatGPT 帮助撰写。

开店 2 个月内，基于先展示后生产的新模式，卢咪微分别以 69 元、89 元的价格卖出了 600 多件短袖与 100 条裙子。在 AI 设计的店铺中出售 AI 设计的服装，验证了"设计—生产—销售"的完整电商流程。在买家收到衣服后给出的 100 多条评价中，无一差评。

3. AI 头像、修图与接单

虽然 AI 绘画提供了本地部署的开源工具和在线收费工具，使得每个人都可以便捷地使用 AI 绘画进行创作，但是绝大部分人想使用 AI 绘画仍然存在计算机算力不够、审美与技巧不足，以及费用高等障碍。这个现状给掌握了 AI 绘画机会的设计师与工作室提供了商业机会。随着 AI 绘画的可控性逐渐增强，在淘宝网上出现了一大批以 AI 绘画为工具，提供个性化头像、旧照片修复、拍摄证件照的功能。这些店铺利用 AI 绘画的高效率与低成本，将原本定价数百元的设计费降低为十元内。

为微信或者游戏生成个性化头像的需求一直很高。因为人们需要在社交平台上展示自己的形象，但又不愿意暴露隐私，并且人们也很好奇自己的头像在水墨风或者油画风等不同风格下的卡通形象是什么样的。定制二次元头像是一个需求很"刚"且很有意思的事情。但在 AI 绘画出现之前，要实现这种效果需要设计师花费数小时才能完成，而且成本很高，只有少数人愿意为此付费。

如今，在淘宝网上，虽然一个定制头像只能赚 5 块钱，但设计师可以利用 AI 一天就完成数百单，薄利多销，收益反而更高，如图 1-10 所示。

图 1-10　定制头像

1.3　未来展望

截至 2024 年，AI 绘画已经形成了快速持续迭代的高质量大模型、丰富的微调模型生态、多样的控图技巧以及更加普惠易得的使用方式。这些令人惊叹的进步仅发生在短短的两年时间里。"太快了，完全跟不上！"成为 AI 绘画爱好者的口头禅。在 AI 绘画领域，几乎每天都有新的论文发表，每周都有重要的插件更新，每个月都有重要的模型发布，想仅凭个人之力持续跟踪并跟进这些新理论、新功能和新模型，完全不可能。

正因为 AI 绘画发展太快，我们很难从细节上去预测其发展，但是可以乐观地给出以下预判：

  □ AI 绘画将在两年内全面超越人类画师。当前，AI 绘画已经展现出远超人类艺术家的创意启发能力，秒杀人类的作品生成能力。吸收人类创作的巨大图像数据集并进行融合创新，使用无穷算力快速生成，理论、技术与应用持续快速发展，AI 绘画的这三大特征将会远远超越人类艺术家。

❑ AI 绘画对艺术教育的冲击远比想象的更加深远。AI 绘画的生产力让人类设计师黯然失色。在商业世界里，投资者只关注产品交付效果，并不关心是 AI 还是设计师完成的该产品。这意味着，经历十数年的辛苦学习成长起来的艺术生，还未毕业就要被 AI 绘画所代替。艺术教育界已经从嘲笑 AI、质疑 AI 转变到憎恨 AI 了，焦虑与日俱增，理解 AI 与利用 AI 将是艺术教育的最终出路。因此可以预测，三年内，高校艺术类专业将全面开始 AI 绘画的相关课程，没有及时跟进的学校将会在招生中失去竞争力。

❑ AI 辅助设计将全面进入艺术设计类行业。在室内设计、建筑设计和园林设计等工程设计中，设计者已经使用 AI 出效果图近一年；在电商行业，设计者利用 AI 生成服装模特进行产品展示，玩偶设计者利用 AI 进行盲盒玩偶设计；在游戏行业，使用 AI 替代画师的方案早已被多个工作室执行……AI 辅助设计正在以前所未有的速度进入艺术设计行业，就像当初的 CAD 辅助设计淘汰手工绘图一样不可阻挡并形成共识。

❑ AI 绘画将真正实现艺术普惠。AI 辅助设计大幅降低了整个社会的设计成本，让全品类商品实现某种程度的集体"降价"，也让艺术品更加廉价亲民。同时，利用 AI 绘画，人人都可成为艺术家，人人都可以创作自己的艺术品。艺术不再是贵族或某个阶层的专属，艺术创作也不再是艺术家独有的能力。在人类历史中，众多先贤希望人类平等，AI 绘画在某种程度上使其成为现实。

第 **2** 章
模型与微调

在《AI 绘画大师之道：轻松入门》一书中介绍了 Stable Diffusion 模型（以后简写为 SD）的框架和基本思想，并介绍了基于 SD 大模型进行微调的 4 种方法及其原理。基于 4 种微调模型（LoRA、Textual Inversion/Embedding、Hypernetworks、DreamBooth）可以对图像风格、人物姿势、人物特征进行个性化处理。本章将介绍如何使用他人分享的模型，以及如何训练自定义模型进行个性化绘画。

2.1 模型概述

AI 绘画模型包括基础模型和微调模型。在开始 AI 绘画之前，首先要熟悉模型的类别、下载与保存方法。在 SD-webUI 中，应下载好通用的基础大模型，然后添加不同风格的微调模型。

2.1.1 模型简介

在学习 AI 绘画时，可以经常去 Civitai（https://www.civitai.com/）网站上欣赏美图、复制提示词、下载模型。如果想下载指定类型的模型，可以单击网站右上角的过滤器 filter，弹出模型选择列表，如图 2-1 的①所示。

知名网站 Liblib（https://www.liblib.art/）可以视为国内版的 Civitai，并且无须使用代理即可使用。在《AI 绘画大师之道：轻松入门》中已经介绍了 Liblib，此处不再赘述。

下面对模型的 6 个要点进行说明。

1. 模型类别

❏ Checkpoint：一般指经过大量图片数据训练的大规模扩算模型，也称作基础模型或大模型。Checkpoint 模型参数量巨大，因此体积较大，如图 2-1 的②所示，真人版模型可达 7GB 左右，动漫版模型一般在 2GB 以上。早期的大模型使用 .ckpt 为后缀，新大模型采用 .safetensors 为后缀。

❑ Embedding：嵌入式模型，用于将文本描述与特征相关联，接受文本提示并产生 token Embeddings。嵌入式模型有多种训练方法，各有优劣势和应用场景，常用的 是 Textual Inversion，其体积非常小，通常在 10 ～ 100KB，需要与 Checkpoint 模型 配合使用。

图 2-1 Civitai 模型分类及其介绍

❑ VAE：即 Variational Auto-Encoder（变分自动编码器），可用于校正颜色，使得图像 色彩更加鲜明或协调，具有滤镜和微调的作用。从 SD 的概念图可知，经过扩算后 生成的低像素潜空间图像，通过 VAE 模型进行细化和改进后，可以生成高质量的 图像。

❑ Hypernetwork：通过少量图像学习其风格（Style），适合风格转换。通常在 5 ～ 300KB，需要与 Checkpoint 模型配合使用。

❑ LoRA：可以用少量的图像进行训练，训练时间较短，非常方便。一般用于固定的 人物、服装或动作。LoRA 模型一般体积较小，如图 2-1 的③所示，大小通常在 10 ～ 200MB 内，需要与 Checkpoint 模型配合使用。

2. 预训练\融合

❑ Trained：基于已有的基础大模型（如 SD 1.5 等），使用个性训练数据进行微调后 得到的新模型。从头开始训练大模型的成本很高，微调可以降低优化基础大模型 的成本。

❑ Merge：通过将两个模型的权重相加，即可生成合并模型的权重。例如，0.7 倍的模 型 A 与 0.3 倍的模型 B 相融合可得到非常像 A 且像 B 的新模型。合并后的新模型更加通用，但牺牲了 A 模型或 B 模型的部分特性。

3. 基础模型

这里的基础模型特指标准的 Latent-Diffusion 大模型，如图 2-1 的②所示，该模型拥有完整的 TextEncoder、U-Net、VAE 结构。基于 DIT 框架的快手可图、腾讯混元与 Flux 处于快速迭代中，本书暂不介绍，读者可参考相关的官方文档。

- ❑ SD：Stable Diffusion 1.x 与 2.x 系列模型，其大小一般在 2GB 以上。
- ❑ SD Unclip：基于 Stable Diffusion，Stability AI 在 2023 年 3 月推出了 stablediffusion-reimagine。该模型可以实现单个图像的变换（Image Variations），它在 Huggingface 上的开源版本为 stable-diffusion-2-1-unclip（SD unCLIP）。SD unCLIP 是 SD 2.1 的微调版本，经过修改后，除了接受文本提示外还接受噪声图像嵌入。SD unCLIP 可用于创建图像变体或嵌入已有的 text-to-image CLIP 中。添加到图像嵌入（Image Embedding）的噪声量可以通过 noise_level 指定（0 表示无噪声，1000 表示全噪声）。
- ❑ SDXL：Stability AI 推出的新版 SD。SDXL 采用与 SD 1.x 和 SD 2.x 一样的 latent diffusion 架构，能直接生成 1024 × 1024 的图像，成图质量有明显的提升，如图 2-2 所示。SDXL 的模型参数为 2.3B，大小为 6.9GB，几乎是 SD 1.x 模型的 3 倍。同时，SDXL 1.0 可配合 SDXLrefiner 模型（大小为 6GB）来提升图像的生成质量。

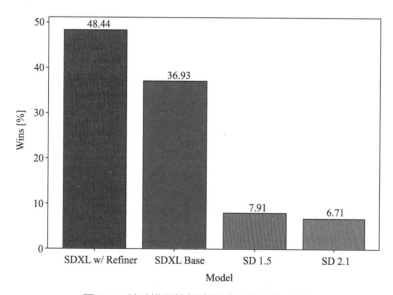

图 2-2　基础模型性能比较（官方文档配图）

SDXL:Improving Latent Diffusion Models for High-Resolution Image Synthesis

4. 模型后缀

- ❑ ckpt：SD 大模型使用 Pickle 序列化，可能包含恶意代码，容易遭受 Pickle 反序列化攻击。加载此类模型应确认来源的可靠性。如果一定要使用 ckpt 模型，建议直接从 Civitai 和 Huggingface 上下载。

❑ SafeTensors：该类型文件使用 NumPy 保存，仅包含张量数据，加载 SafeTensors 文件更安全、快捷。Embeddings、VAE、LoRA、Hypernetworks 等模型后缀一般都使用 SafeTensors 格式由 Huggingface 推出，是 -pt 模型格式的改进版本，执行与存储权重相同的操作，但不会执行任何代码，可与 PyTorch 模型相互转换，内容无差别。SafeTensors 正在逐渐取代并统一 ckpt、pt、pth 等其他格式，它使得用户分享与使用模型更加方便。从 2023 年起 SD 开始支持该格式，老版本无法识别。

5. EMA 权重

Checkpoint 模型由两组权重组成：最后一个训练步骤后的权重及最后几个训练步骤的平均权重（EMA，指数移动平均值）。也就是说，完整的 Checkpoint 模型包括生成图像的 EMA 权重及恢复该模型训练所需的完整数据（非 EMA 权重）。图像可以仅从 EMA 权重生成，因此大多数模型文件会删除其他数据（非 EMA 权重）以缩小文件。

如果想训练和微调 Checkpoint 模型，则选择非 EMA 权重。如果拥有完整的检查点，在进行训练和微调时，EMA 权重将会下降，因此不要仅使用 EMA 权重进行训练。

6. FP16 和 FP32

有时候基础模型会提供 FP16、FP32 两个权重精度版本。FP 代表浮点数（Floating Point），是计算机存储十进制数的方式。FP16 每个数字占用 16 位，称为半精度。FP32 采用 32 位，称为全精度。

稳定扩散模型的训练数据非常嘈杂，很少需要使用全精确，因为使用全精度会存储噪声，对模型的训练效果没有明显的提升。同时，FP16 模型的大小大约只有 FP32 模型的一半，可以显著节约存储空间。因此，推荐下载 FP16 模型。

对于国内 AI 绘画爱好者，推荐国内 AI 绘画模型综合网站 liblib（www.liblib.art），该网站为中文界面，整体风格与 Civitai 相似，拥有更多中国元素的微调模型。

2.1.2　Civitai 模型场景分类与查找

Civitai 网站上拥有全世界 AI 绘画爱好者分享的数以万计的各类模型，我们可以直接浏览相关模型效果，将喜欢的模型下载下来，也可以分享自己训练好的模型。

在 Civitai 首页的 Models 下列出了如下模型分类。

❑ Character：动漫、游戏、电影或其他角色人物模型，如佐佐木千穗。

❑ Style：风格类模型，大部分是服装类模型，如古装、京剧、和服。

❑ Celeberity：名人、明星、政治人物的相关模型。

❑ Concept：概念类模型，提供了水裙、镭射服装、活力四射等特定概念的模型展示。

❑ Base Model：基础模型，带有明显主题色彩的 Checkpoint 大模型，如著名的 Counterfeit、Chilloutmix，一般在 2GB 以上。

❑ Clothing：服装类模型，包含各种风格、特征的服装模型，大部分为 LoRA 模型。

- Poses：包含大量各种姿势的相关模型，比如 Group Pose（集体姿势）、LieDown（躺下）、Fitness Pose（健身姿势）等。
- Background：场景或背景类模型，包含雪山、森林、教室、电梯等环境主题模型。
- Vehicle：交通工具类模型，包含摩托、汽车、机甲、飞机等各种交通主题模型。
- Buildings：建筑类模型，包含室内、古建筑、手工建筑、园林景观等各类主题模型。
- Tool：工具类模型，如 EasyNegative（负面提示词）、Gender slider（性别调整）、ControlNet QR Pattern（生成二维码）等拥有各种应用场景的工具模型，部分为 ControlNet 模型。
- Objects：特定物体模型，比如 Stick（棍子）、Chair（椅子）、Fruit（水果）等主题模型。
- Animal：动物类模型，包含各种类别的动物主题模型，如变异、融合的动物模型。
- Action：动作类模型，包含如 Kiss（亲吻）、Princess carry（公主抱）、Licking ice cream（吃冰淇淋）等各种动作主题模型。
- Assets：包含游戏饰品、图标、制服、动物等模型。

面对如此多的模型，我们经常会眼花缭乱、无从下手。在 2.1.1 节中我们介绍了 filter 过滤器，通过该过滤器，可以选择 LoRA、Embedding 或者 Checkpoint 模型。知道如何选择模型类别后，我们还会面临两个问题：如何找到特定风格的模型，以及如何找到优质的模型。

1. 查找指定风格或主题的模型

可以在 Civitai 首页上单击搜索框，在搜索框内输入关键词（如 Clothing），Civitai 会列出所有关于 Clothing 的模型，单击进行查看，然后选择满意的模型即可，如图 2-3 所示。

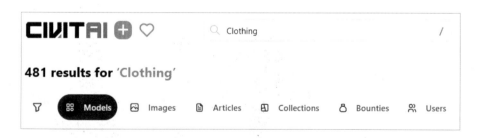

图 2-3　在 Civitai 中搜索模型

也可以在首页单击 Models，在其下面的菜单栏中选择 CLOTHING，会列出与 Clothing 主题相关的所有模型及其展示图像，如图 2-4 所示。

2. 通过模型排序择优

单击右上角的排序周期，可以选择不同周期的排序结果，如图 2-5 所示。模型列表按照点赞数、评论数和下载数的综合排名进行排序。一般情况下，下载量越高、点赞数越多的模型排序就越靠前。通过这种方式，可以快速筛选出不同主题下的优质模型。

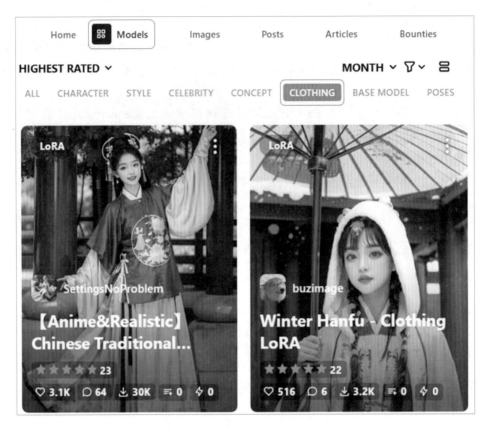

图 2-4　在分类中选择模型

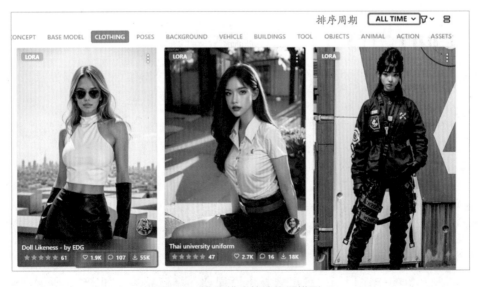

图 2-5　分类排序筛选优质模型

2.1.3 模型下载与保存

一般推荐在 Civitai（https://civitai.com/）或 Huggingface（https://huggingface.co/）网站上下载模型。Huggingface 有时可在国内正常登录，Civitai 在国内无法直接登录。

如果在 Civitai 上下载，可以参考图 2-1，选择对应的模型将其下载到本地。然后根据模型类型将其放入指定的文件夹内，在 SD-webUI 中的模型选择后面单击“重载”按钮，即可看到新加入的模型。

1. embedding 文件夹

从网上下载好 embedding 模型后，打开 SD-webUI 的文件夹目录，找到“embeddings”文件夹，将下载好的模型粘贴进去，如图 2-6 所示。

此电脑 › 文档 (E:) › sd-webui-aki-v4.2
名称
修改日期
类型
大小
embeddings
2023/8/7 11:07
文件夹

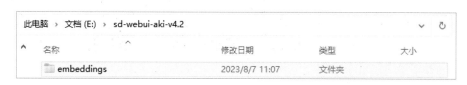

图 2-6 embeddings 模型文件夹

2. Lora、hypernetworks 和 ControlNet 文件夹

打开 SD-webUI 的文件夹目录（图 2-7 和图 2-8 为笔者安装 SD-webUI 的路径，读者需要选择自己的本地安装路径），找到 models 文件夹（stable-diffusion-webui/models），models 目录下包含模型、算法和采样器。在里面找到 Lora、hypernetworks 和 ControlNet 文件夹，将下载好的模型分别放进 Lora、hypernetworks 和 ControlNet 文件夹中，如图 2-7 所示。

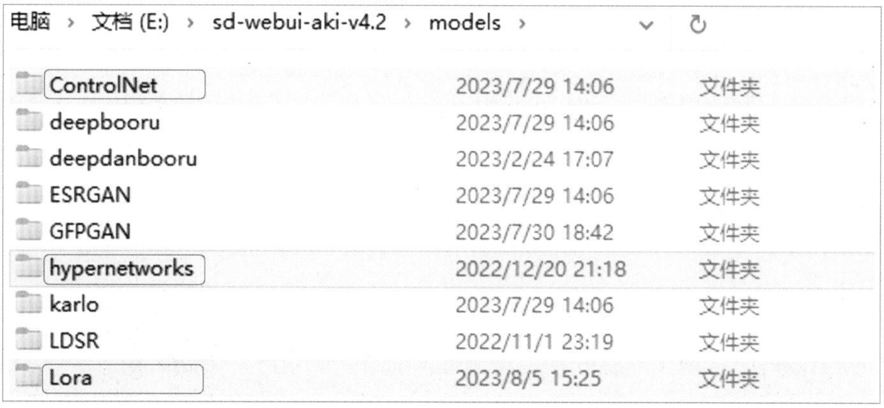

电脑 › 文档 (E:) › sd-webui-aki-v4.2 › models ›
ControlNet 2023/7/29 14:06 文件夹
deepbooru 2023/7/29 14:06 文件夹
deepdanbooru 2023/2/24 17:07 文件夹
ESRGAN 2023/7/29 14:06 文件夹
GFPGAN 2023/7/30 18:42 文件夹
hypernetworks 2022/12/20 21:18 文件夹
karlo 2023/7/29 14:06 文件夹
LDSR 2022/11/1 23:19 文件夹
Lora 2023/8/5 15:25 文件夹

图 2-7 将模型放入 Lora、hypernetworks 和 ControlNet 文件夹中

安装好上述微调模型后，可以在 SD-webUI 的相关位置上调用，如图 2-8 所示。模型的安装目录及使用如表 2-1 所示。

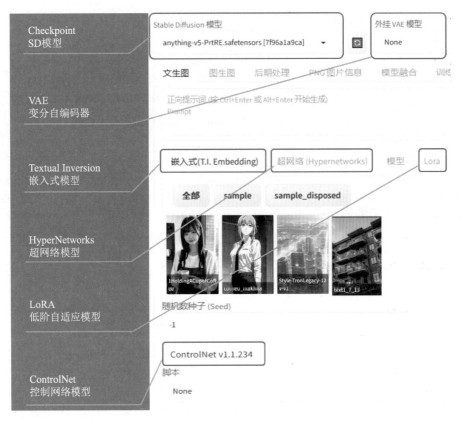

图 2-8   SD-webUI 中的模型

表 2-1   模型安装及使用

模型名称	安装目录	文件类型	使用
Embedding	embeddings	*.pt, images,	Embedding's filename
LoRA/LyCORIS	models/Lora	*.pt	<LoRA:filename:multiplier>
HyperNetworks	models/hypernetworks	*.pt,*.ckpt, *.safetensors	<hypernet:filename:multiplier>
VAE	models/vae	*.pt	在 SD-webUI 中选择 VAE

2.2 Textual Inversion 微调

Textual Inversion 又称 Embedding（嵌入式向量），用于微调 Unet 之前的嵌入向量。Textual Inversion 让 AI 基于先验知识（已经理解的事物）学习一个新名词。

使用嵌入模型可以生成特定的人物、风格或动作。Embedding 可以作用于正提示词中也可以作用于反向提示词中，因此要注意从网上下载的 Embedding 属于正向还是反向。Embedding 需要使用特定提示词进行激活。

如果在 Civitai 上找不到需要的模型，那么可以训练个性化 Embedding 模型。下面从准备数据集、创建新 Embedding、模型训练、参数与注意事项 4 个方面，利用一个完

整的案例介绍 Embedding 模型训练的全过程，然后介绍如何使用训练好的 Embedding
模型。

2.2.1 准备训练集

1. 收集照片

将收集的训练图像放在同一个文件夹里（如 E:\sd-webui-aki-v4.2\Embeddings\sample），
如图 2-9 所示。

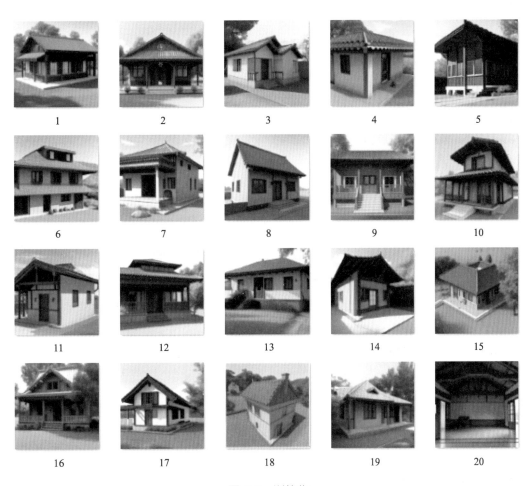

图 2-9 训练集

2. 填写预处理参数

在 SD-webUI 的标签栏里选择"训练"标签，进入图像预处理界面，如图 2-10 所
示，将训练集文件路径（E:\sd-webui-aki-v4.2\embeddings\sample）输入源目录。在"目
标目录"中输入处理后的训练集的保存地址（如 E:\sd-webui-aki-v4.2\embeddings\sample_
disposed）。

宽度与高度默认为 512，"对已有标注的 txt 文件的操作"默认选择 ignore（无），勾选"分割过大的图像"和"使用 Deepbooru 生成标签"复选框。

"图像分割阈值"与"分割图像重叠比率"选项保持默认即可。

图 2-10　设置图像预处理参数

3. 进行图像预处理并保存结果

单击"预处理"按钮，处理后的图像保存在目标目录 E:\sd-webui-aki-v4.2\embeddings\sample_disposed 下，如图 2-11 所示。

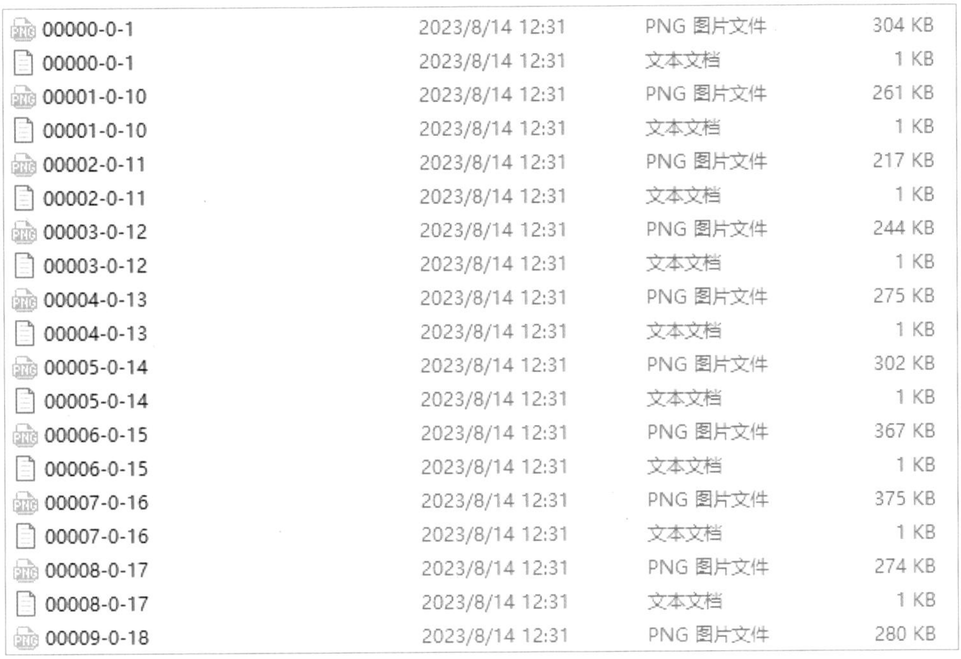

00000-0-1 2023/8/14 12:31 PNG 图片文件 304 KB
00000-0-1 2023/8/14 12:31 文本文档 1 KB
00001-0-10 2023/8/14 12:31 PNG 图片文件 261 KB
00001-0-10 2023/8/14 12:31 文本文档 1 KB
00002-0-11 2023/8/14 12:31 PNG 图片文件 217 KB
00002-0-11 2023/8/14 12:31 文本文档 1 KB
00003-0-12 2023/8/14 12:31 PNG 图片文件 244 KB
00003-0-12 2023/8/14 12:31 文本文档 1 KB
00004-0-13 2023/8/14 12:31 PNG 图片文件 275 KB
00004-0-13 2023/8/14 12:31 文本文档 1 KB
00005-0-14 2023/8/14 12:31 PNG 图片文件 302 KB
00005-0-14 2023/8/14 12:31 文本文档 1 KB
00006-0-15 2023/8/14 12:31 PNG 图片文件 367 KB
00006-0-15 2023/8/14 12:31 文本文档 1 KB
00007-0-16 2023/8/14 12:31 PNG 图片文件 375 KB
00007-0-16 2023/8/14 12:31 文本文档 1 KB
00008-0-17 2023/8/14 12:31 PNG 图片文件 274 KB
00008-0-17 2023/8/14 12:31 文本文档 1 KB
00009-0-18 2023/8/14 12:31 PNG 图片文件 280 KB

图 2-11　处理后的图像

2.2.2　创建新的 Embedding

在 SD-webUI 中选择“设置”标签并找到“反推设置”选项，将“评分阈值”调到 0.75，勾选“deepbooru：转义（\）括号”复选框，如图 2-12 所示。

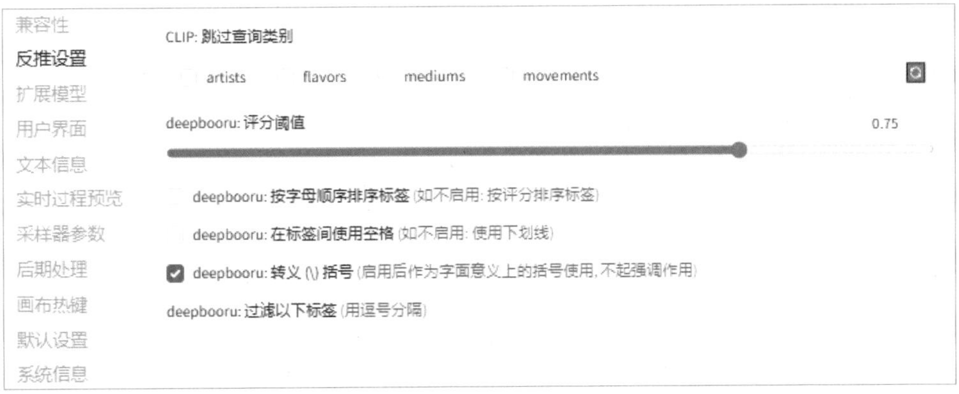

兼容性
反推设置
扩展模型
用户界面
文本信息
实时过程预览
采样器参数
后期处理
画布热键
默认设置
系统信息
CLIP: 跳过查询类别
artists
flavors
mediums
movements
deepbooru: 评分阈值
0.75
deepbooru: 按字母顺序排序标签 (如不启用: 按评分排序标签)
deepbooru: 在标签间使用空格 (如不启用: 使用下划线)
deepbooru: 转义 (\) 括号 (启用后作为字面意义上的括号使用, 不起强调作用)
deepbooru: 过滤以下标签 (用逗号分隔)

图 2-12　反推设置

在“创建嵌入式模型”中输入拟创建的模型名称 text_7_13，如图 2-13 所示，初始化文本为默认的 *，“每个词元的向量数”设置为 15。

- 初始化文本：训练开始后，AI 训练生成的初始图像的提示词，可以任意填写一个词或者不填写。

❑ 每个词元的向量数：较为重要，其大小根据训练内容与图像数量进行调整，如果是一般人物或物体（Subject）则选择大于 6，如果是风格（style）则选择大于 12，建议基于此取值进行调试。当在提示词框里使用该选项时，会使单词数量增加。例如，文生图正向提示词上限为 75，如果在已有的 55 个单词的正向提示词里，使用每个词元向量数为 16 的 Embedding 模型，则正向提示词的单词数量会增加到 71。

图 2-13　创建嵌入式模型

完成上述步骤后，就创建了一个还未训练的 Embedding 模型。

2.2.3　模型训练

在模型训练过程中，可以查看训练效果是否符合预期。如果效果较差，可以单击"中止"按钮停止训练，停止后也可以继续训练。还可以针对旧模型选择数据集、设置参数重新训练。下面基于上面的训练集与创建的 Embedding 详细介绍训练过程。

1. 定义训练参数

在 SD-webUI 界面左上角的"外挂 VAE 模型"中选择无（None），如图 2-14 所示。

图 2-14　选择外挂 VAE 模型

选择菜单栏中的"训练"标签，在"嵌入式模型"里选择上一步创建的 text_7_13，如图 2-15 所示。

　　"嵌入式模型学习率、梯度 Clip 修剪、单批数量"几个选项保持默认不变。在"数据集目录"中输入预处理好的图像地址，日志目录不变，提示词模板选择 style_fileworks.txt。宽度和高度不变，建议不要勾选"不调整图像大小"复选框，"最大步数"设置为 1500 步。在潜变量采样方法中勾选可复现的复选框，其他参数不变。

图 2-15　设置训练参数

2. 训练

单击"训练嵌入式模型"按钮开始训练。在菜单栏中选择"文生图"标签,进入文生图界面,在提示框中填入一组简单的提示词：house,text_7_13。训练完成后使用文生图命令生成图像,结果如图2-16所示。

图2-16　生成结果

2.2.4　参数与注意事项

1. 注意事项

在训练过程中,在如图2-17所示的文件中可以查看训练中间结果图像与 Embedding 副本。如果训练出的图像很奇怪,与训练集的图像相差甚大,那么应该及时中止训练。

本地磁盘 (D:) › AI绘画 › sd-webui-aki › sd-webui-aki-v4.2			
名称	修改日期	类型	大小
test	2023/6/3 19:05	文件夹	
textual_inversion	2022/12/16 15:33	文件夹	
textual_inversion_templates	2022/11/21 11:33	文件夹	

图2-17　保存训练结果的文件夹

同时,因为训练时没有挂载 VAE 模型会导致图片色彩渲染较差,这是正常结果,并非训练失败。

在图2-17所示的日志目录文件夹里,将 Embedding 副本保存到 E:\sd-webui-aki-v4.2\embeddings 下,如果对训练结果不满意,则可以将训练的原 Embedding 删除,然后重新训练,直到结果满意为止。

2. 图像预处理

图像预处理是训练微调模型最重要的步骤。只有当训练集的质量非常好,AI 能快速、准确地获得拟训练的特征时,才可以跳过图像预处理环节。实际经验表明,所有的训练集图像都应该进行预处理，否则训练模型效果不好。

尽量挑选较好的图像，因为质量好的图像需要满足多样化（位置、光线、衣服、表情、动作等）的要求，拟训练的特征较为明显。图像上不应出现字符、水印和边框等（必须明确图像的内容），并且目标突出、背景简单，各图像的相似度也较低。如果训练的是人物图像，使用抠图效果更好。

图像的宽度和高度应该统一（建议为 512×512），可以通过剪裁或缩放来保持相同的尺寸。这样做不仅可以缩小训练时间，还可防止显存溢出。

在如图 2-18 所示的选项中，前 5 个选项都是对图像的修改，后两个选项都是对图像打上标签（提示词）。

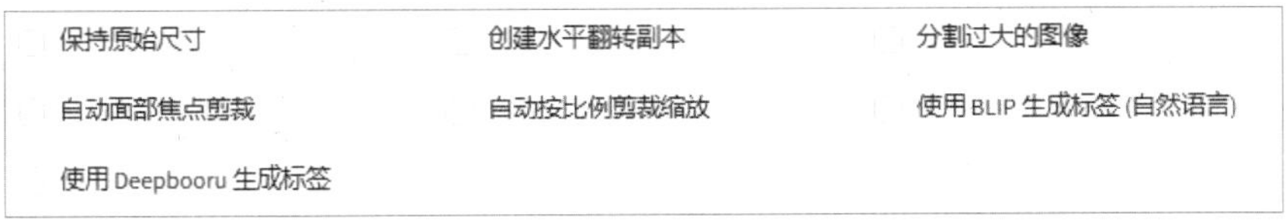

保持原始尺寸	创建水平翻转副本	分割过大的图像
自动面部焦点剪裁	自动按比例剪裁缩放	使用 BLIP 生成标签 (自然语言)
使用 Deepbooru 生成标签		

图 2-18　标签选择

勾选或者不勾选"分割过大的图像"和"创建水平翻转副本"两个复选框对训练结果的影响不大。当训练人物时，必须勾选"使用 Deepbooru 生成标签"复选框。使用 Deepbooru（BLIP）生成标签的效果与图生图提示词框后面的两种反推效果一样。BLIP 表示对图像以句子的形式反推，Deepbooru 表示以单词的形式对图像进行反推。

3. 过程参数

在图 2-15 所示的训练参数界面中，可以分别设置 Embedding 和 Hypernetworks，除各自的学习率外，其他为通用参数。

- 学习率：AI 学习的速度，默认值为 0.005，值越高表示学习速度越快。学习率过高经常会导致欠拟合，学习率过低则会导致训练时间过长或过拟合。可以设置不同的选项使 AI 在不同步数时使用不同的学习率。例如 $0.03:100,0.01:500,0.005:2000,0.001$，表示 AI 学习在 100 步内学习率为 0.03，$100 \sim 500$ 步为 0.01，$500 \sim 2000$ 步为 0.005，2000 步之后的学习率为 0.001。

- 单批数量：一次将多少训练图像放入计算机的 GPU 显存中。针对个人显存情况，一般单批数量越大越好，但不能超过训练集中的图像数量。

- 梯度累加步数：可以把它视为单批数量的乘数，或者训练总时间的乘数。该值越大越好，但单批数量乘以梯度累加步数不应超过训练集中的总图像数量。在微调训练变量时，可以将此值设置为 1，以加快调试训练速度。

- 数据集目录：填写训练集的目录地址。

- 日志目录：设置每间隔多少步保存一次图像与 Embedding 副本路径。

- 提示词模板：当训练风格类模型时选 style_filewords.txt，当训练人物或物体模型时选择 subject_filewords.txt。

- 宽度和高度：设置与训练集图像的宽、高一致，一般为 512×512。

□ 最大步数：1 万步以内即可，可以随时中止，取出模型副本重练。

一般勾选"进行预览时，从文生图选项卡中读取参数"与"创建提示词时按 ',' 打乱标签 (tags)"复选框，AI 在训练时会按照文生图的参数生成图像；否则，AI 只会按照提示词模板选择的提示词生成训练图像。

□ 创建提示词时丢弃标签 (tags)：与反推提示词的阈值参数意义相同，将权重小于阈值的提示词丢弃。

□ 选择潜变量采样方法：一般选择"可复现的"单选按钮。

2.2.5 使用模型

为了启用 Embedding 模型，一般将其名称作为提示词写进提示词框中。除了手动输入以外，也可在 SD-webUI 中单击如图 2-19 所示的第 3 个按钮即"显示扩展模型"按钮，进入 Textual Inversion Embedding 的模型列表界面，如图 2-20 所示。如果模型是正向提示词，单击正向提示词框，再单击所用的 Embedding 模型，可以自动将模型的名称输入正向提示词文本框中。反之，如果是反向提示词，应单击反向提示词框。

图 2-19　单击"显示扩展模型"按钮

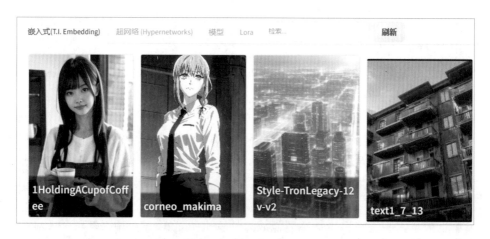

图 2-20　扩展模型列表

下面以 Civitai 上的 Embedding 模型 Holding a Cup Of Coffee Pose (TI)(https://civitai.com/models/103225) 为例，演示 Embedding 在文生图下的成像效果。

在"文生图"选项卡中选择动漫模型 anything-v5-PrtRE，使用如下提示词：

□ 正向：A little girl, red hat, delicate, sits in the classroom,1HoldingACupofCoffee；

□ 反向：0badhandv4, 0negative_hand-neg；

□ 使用 1HoldingACupofCoffee 模型与不使用该模型进行对比，生成效果如图 2-21 所示。

可以看出，1HoldingACupofCoffee 激活了端咖啡的 Embedding 模型，让图像中出现了女孩端着咖啡这个动作特征。

图 2-21　端咖啡 Embedding 模型示例（左侧使用模型，右侧未使用）

2.3　LoRA 微调

　　LoRA 模型是最常用的微调手段。基于大模型微调，利用少量数据可以训练出一种画风或人物，实现定制化需求。LoRA 所需的训练资源比 Checkpoint 少很多，适合社区使用者和个人开发者。

　　这里使用秋叶（blibli 网站的知名 UP 主）提供的 LoRA 模型训练插件 SD-Trainer（下载地址为 https://pan.baidu.com/s/1TBaoLkdJVjk_gPpqbUzZFw，提取码为 p8uy，如果下载失效，可关注公众号"可学 AI"，在公众号中可获得相关资料下载）。单击文件夹里的"A 启动脚本 .bat"，在 SD-Trainer 界面里更改训练参数，如图 2-22 所示。在 SD-Trainer 中，LoRA 训练分为新手模式与专家模式。推荐刚接触 LoRA 模型训练的读者使用新手模式，熟练 LoRA 模型训练的流程后再使用专家模式。

图 2-22　SD-Trainer 界面

如果把 SD 的大模型比作素颜，那么 LoRA 模型就是在素颜基础上进行美妆，因此训练 LoRA 模型需要确定底模。LoRA 训练选择大模型底模（Checkpoint），路径如图 2-23 所示。

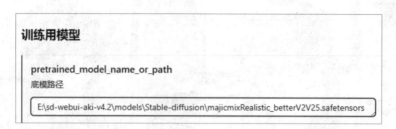

图 2-23　底模路径

2.3.1　处理训练集

训练集的处理效果直接影响所训练的 LoRA 模型的生成效果，应该予以高度重视。训练集的处理主要包括准备训练集和设置图像标签等。

1. 准备训练集图像

训练集图像需要同时满足质量和数量的要求。

□ 质量：主体清晰可辨、特征明显，图像构图简单，无其他杂乱元素，如果训练的素材是人物照，不仅需要多角度、多表情的脸部特写，还需要不同姿势、不同服装的全身照。

□ 数量：建议新手先默认训练 20 张图像，之后可以训练 30 ～ 40 张图像。对于简单的特征，如人脸特征，如果训练集中的图像过多，既影响训练速度，也容易造成过拟合，影响训练效果。对于复杂的特征，如画风特征，训练集中的图像数量需要根据效果适当增加。网友将训练 LoRA 模型戏称为"炼丹"，因为需要"手感"（经验），也需要迭代、试错、优化。

□ 训练图像分辨率：宽 × 高必须是 64 倍数。需要对图像进行预处理剪裁，建议参数分辨率为 512×512。

如果找不到足够数量的训练图像，可以尝试用图生图的方式，保持拟训练的特征基本不变，改变背景、姿势、表情、视角等其他属性，从而生成新的训练图像。

下面以室内设计为例，以简化风格和构图为原则（LoRA 模型微调信息有限，不应期待一个 LoRA 模型能实现多个风格或构图），介绍训练集的准备过程。

（1）训练集图像应以某种室内风格为主，如现代简约风格、田园风格、后现代风格、中式风格、新中式风格等，此处选择简欧风格。

（2）室内设计空间结构复杂，应确定好构图角度，此处选择"一点透视"视角，效果如图 2-24 所示。

2. 设置图片标签（打标）

在 SD-webUI 菜单栏中选择"图像预处理"标签，进入图像预处理界面，如图 2-25 所示。将训练集文件路径（如：E:\lora-scripts-v1.4.1\lora-scripts-v1.4.1\1\lara1）输入"源目录"。在"目标目录"中输入训练集经过处理后保存的地址（如 E:\lora-scripts-v1.4.1\lora-scripts-v1.4.1\train）。

图 2-24　训练集

图 2-25　图像预处理

宽度与高度默认为 512，"对已有标注的 txt 文件的操作"默认为 ignore（无），勾选"分割过大的图像"和"使用 Deepbooru 生成标签"复选框，将训练集图片设置成同一分辨率，并且对剪裁过后的图片进行标注。其他选项默认不勾选，"图像分割阈值"与"分割图像重叠比率"保持默认即可。

最后，单击"预处理"按钮，处理后的图像保存在目标目录（E:\lora-scripts-v1.4.1\lora-scripts-v1.4.1\train）下。可以对预处理的标签进行逐一修改，去除不相符的提示词，从而获得目标提示词。

经过预处理的训练集如图 2-26 所示。

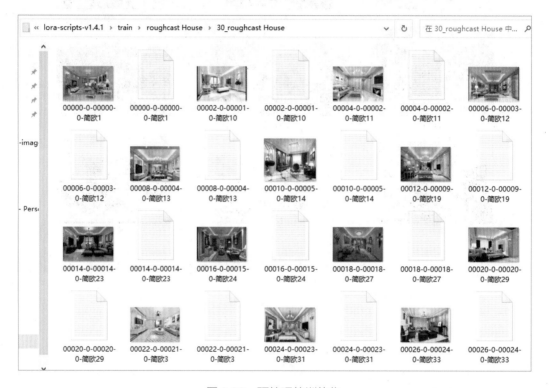

图 2-26　预处理的训练集

2.3.2　修改 LoRA 模型的训练参数

在新手模式下，在 LoRA 模型的训练参数区修改参数。下面介绍各参数的具体含义和设置要求，根据这些要求修改后的参数如图 2-27 所示。

- □ pretrained_model_name_or_path：底模路径，如 E:\sd-webui-aki-v4.2\models\Stable-diffusion\majicmixRealistic_betterV2V25.safetensors。
- □ train_data_dir：训练数据集的路径，即需要训练的素材文件夹路径，如 E:\lora-scripts-v1.4.1\lora-scripts-v1.4.1\train。
- □ resolution：训练图像的分辨率，宽 × 高。支持非正方形，但必须是 64 的倍数。
- □ output_name：模型保存的名称。

参数预览

```
pretrained_model_name_or_path = "E:/sd-webui-aki-v4.2/models/Stable-
diffusion/majicmixRealistic_betterV2V25.safetensors"
train_data_dir = "E:/lora-scripts-v1.4.1/lora-scripts-v1.4.1/train"
resolution = "512,512"
enable_bucket = true
min_bucket_reso = 256
max_bucket_reso = 1_024
output_name = "lora2"
output_dir = "./output"
save_model_as = "safetensors"
save_every_n_epochs = 4
max_train_epochs = 16
train_batch_size = 1
network_train_unet_only = false
network_train_text_encoder_only = false
learning_rate = 0.0001
unet_lr = 0.0001
text_encoder_lr = 0.00001
lr_scheduler = "cosine_with_restarts"
optimizer_type = "AdamW8bit"
lr_scheduler_num_cycles = 1
network_module = "networks.lora"
network_dim = 32
network_alpha = 32
logging_dir = "./logs"
caption_extension = ".txt"
shuffle_caption = true
keep_tokens = 0
max_token_length = 255
seed = 1_337
prior_loss_weight = 1
clip_skip = 2
mixed_precision = "fp16"
save_precision = "fp16"
xformers = true
cache_latents = true
persistent_data_loader_workers = true
```

图 2-27　参数设置

❑ output_dir：模型保存的文件夹，在默认 output 文件夹内可找到（max_train_epoches/save_every_n_epochs）训练的 lora 模型。

❑ save_every_n_epochs：经过几轮自动保存一次模型。

❑ max_train_epoches：最大训练的 epoch 数，即模型会在整个训练数据集上循环训练的次数。如果最大训练 epoch 为 10，那么将会进行 10 次训练。

❑ train_batch_size：训练 LoRA 模型的轮次，如果显存小则推荐 1 次，如果是 12GB 以上，则可以训练 2 ～ 6 次。

总训练步数 =max_train_epoches×8（Repeats 为训练集文件夹的数字）× 图片数量 /Train_Batch_size，一般总训练步数不低于 1500，不高于 5000。

❑ unet_lr：U-Net 学习率，默认为 1e-4（0.0001）。

❑ text_encoder_lr：文本编码器学习率，在 U-Net 学习率的 1/5 ～ 1/10 之间，默认值为 1e-5（0.00001）。

❑ lr_scheduler：学习率调度器，用来控制模型学习率的变化方式，默认为 cosine_with_restarts。

❑ optimizer_type：优化器，用来优化模型学习率的变化方式，默认为 AdamW8bit。

□ Ir_scheduler_num_cycles：重启次数，默认为1。

□ network_dim：网络维度，常选择4 ~ 128，默认为32。（二次元为32，人物为32 ~ 128，风景实物选择大于或等于128）

□ network_alpha：常用与 network_dim 相同的值或者较小的值，取值为1 ~ 128，默认为32。

□ shuffle_caption：训练时是否随机打乱 tokens 列表，默认为是。

□ keep_tokens：当随机打乱 tokens 列表时，保留前 N 个 tokens 不变，默认为0。

需要注意的是，LoRA 模型训练界面中的部分参数在图 2-27 参数列表中并未列出，补充如下：

□ enable_preview：是否启用训练预览图，默认为否。

□ reg_data_dir：正则化数据集路径，默认不使用正则化图像。

□ network_weights：填写已有的 LoRA 模型路径，在其基础上继续训练。

2.3.3 开始训练

预览可以实时观看改动的参数，在其底部提供了下载配置文件、直接开始训练、全部重置、保存和读取参数选项，这些选项见名知意，不再详述，读者可以进行试用。此处单击"直接开始训练"按钮，如图 2-28 所示。

图 2-28　直接开始训练

然后在控制台上会出现如图 2-29 所示的界面。

图 2-29　控制台界面

训练完成后的 LoRA 文件地址如图 2-30 所示。

图 2-30　LoRA 文件地址

在文生图界面使用训练好的 LoRA 模型获得如图 2-31 所示的图像。

图 2-31　训练结果

如果参数配置在后面需要用到，可以单击"保存"按钮，再单击"读取参数"按钮，将会出现如图 2-32 所示的界面，在其中将刚刚保存的参数更改名称，方便以后使用。

图 2-32　更改参数名称

2.3.4　使用模型

一般通过 Additional Networks 添加 LoRA 模型的扩展，如图 2-33 所示。在 SD-webUI 的标签栏里可以找到 Additional Networks 标签。在文生图与图生图的随机种子下的 Additional Networks 选项下可以同时添加 5 个 LoRA 模型生成图像，并且可以修改每个模型对应的权重，从而影响 LoRA 模型生成的图像效果。单击"额外参数"后，会出现一个可以上传蒙版图像的选项。

我们以训练的简欧 LoRA 模型为例，在文生图中使用提示词：Jane European, masterpiece,best quality,RAw,8k CG, modernism,hyper-realistic design,sunlight,best lighting,day,nohumans, open view, interior design, home, peaceful, beautiful,bright theme,a living room, living room，添加常用的负面提示词，基于简欧 LoRA 模型生成的效果如图 2-34 所示。

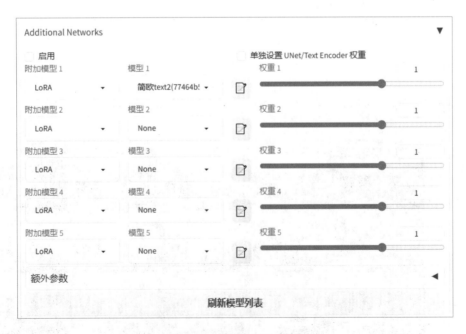

图 2-33　使用 LoRA 模型

图 2-34　LoRA 模型的使用效果

2.4　Hypernetworks 与 DreamBooth 模型

Hypernetworks 的训练界面与过程与 Embedding 高度相似，此处不再介绍。

训练 DreamBooth 需要的显存较高（不低于 12GB），需要的训练集较大（4 ~ 200 张图像），训练难度较大（时间长，调试久）。除非是资深 AI 绘画爱好者，否则不推荐使用 DreamBooth 训练微调模型。LoRA 模型基本上就能满足常用风格和主题的个性化微调需求。

在使用 Hypernetworks 模型时，无须通过提示词进行触发，使用前需要选中模型。在使用 DreamBooth 模型时，可以将其视作与 SDXL 1.0 一样的基础大模型，选择其作为底模即可。

第 3 章
常用的图像编辑技巧

本章针对日常碰到的图像编辑场景，给出 AI 绘画的解决方案，并通过一些小案例，介绍在进行 AI 绘画时日常图像的处理方法与步骤，并针对同一个问题提出多种解决方案。

3.1 给图像添加内容

在日常生活中，我们经常会碰到需要在已有图像上添加指定内容的情况。例如，在已有的人物图像基础上给人物加一顶帽子，或者给人物戴上耳环、口罩、发夹等。此时，只需要使用涂鸦重绘功能即可实现。

下面以使用 SD-webUI 给人物图像添加帽子为例进行介绍。

（1）将人物图像上传至涂鸦重绘区域。

（2）参数设置。模型选择极氪写实 MAX- 白白酱 _V6 剪树枝版，采样方法选择 Euler a，Steps 为 30，重绘幅度为 0.65，种子为 –1，其余参数保持默认。

（3）添加提示词蓝色贝雷帽。生成的图像如图 3-1 所示。

图 3-1　添加帽子

继续使用涂鸦重绘功能，给女孩戴上耳环、口罩和发卡，效果如图 3-2 所示。可以看到，使用涂鸦重绘，可以保持图像内容不变，只在涂鸦位置自然添加提示词指定的物品。

PS 2024（内置 Adobe 最新的 AI 功能）、Clipdrop、Midjourney 均可实现上述 SD-webUI 的局部重绘效果，但可控性不如 SD-webUI，这里不再一一介绍。

| 底图 | 蒙版 | 效果图 |

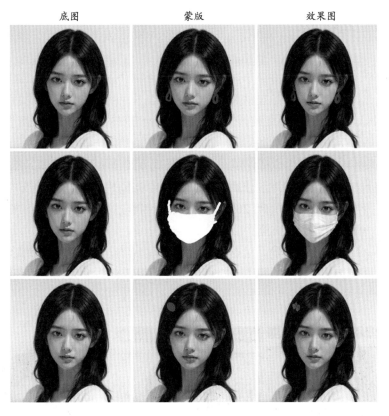

图 3-2 涂鸦添加物品示例

通过 DreamEdit（https://github.com/DreamEditBenchTeam/DreamEdit），可以更方便地实现在已有图像中添加或替换指定的物体，如图 3-3 所示。使用 DreamEdit 能够一键实现传统的 PS 工作流中分割、抠图、合成的烦琐步骤，而且融合度更高、结果更加自然。DreamEdit 的应用场景较多，但暂无在线使用平台，需要使用者自行部署代码。

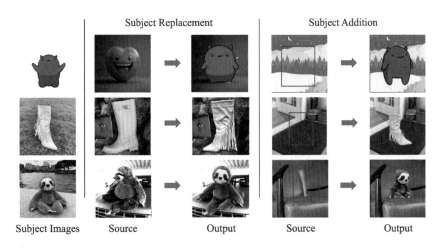

图 3-3 DreamEdit 官方示例

3.2 制作证件照

当涉及升学、结婚等各类登记事项时，经常需要提供证件照。证件照有严格的尺寸要求和背景限制，特地去照相馆拍证件照费时、费钱。不少网站提供了在线制作证件照的程序，需要上传个人照片并使用手机或微信注册、付费。当手机或微信与个人图像关联起来后，很容易暴露隐私，存在较大的风险。

如果不想使用在线方式生成证件照，传统的处理方式是使用 PS 抠图，然后更换证件照的背景。AI 绘画则提供了更简单、快捷的方法，即自动抠图，自动更换背景。

下面以女孩半身照为例，在 PS 2024 中的证件照制作过程如下：

（1）准备一张半身生活正面照。

（2）使用 PS 2024 移除背景，对抠图的边缘进行小幅度修改。然后使用套索工具手动给衣服创建选区。接着使用 PS 创成式填充功能，以提示词西装为例，实现换装，效果如图 3-4 所示。最后导出结果图为制作红底和蓝底证件照打好基础。

底图   处理图   效果图

图 3-4　底图处理

（3）继续使用 PS 2024，上传如图 3-4 所示的效果图并移除背景。然后分别使用红色和蓝色填充图层。最后在文件中导出红底和蓝底证件照，结果如图 3-5 所示。

无论毕业找工作，还是对外展示，都需要一张能体现自己气质的形象照。一张好的形象照能给面试官和客户带来良好的第一印象。

下面介绍如何使用 SD-webUI 制作形象照。

（1）在 Midjourney 中生成职业照底图，然后将其上传至 SD-webUI 图生图的局部重绘区域。

（2）根据具体情况修改提示词，以 masterpiece,best quality,1girl,smile 为例，在其面部涂上蒙版，效果如图 3-6 所示，重绘幅度为 0.85。

图 3-5 证件照效果

图 3-6 将底图放入图生图的局部重绘区域

（3）结合 roop（最新版为 ReActor）等换脸插件，"面部修复"选择 GFPGAN 单选按钮，将"面部修复强度"设置为 0.7，如图 3-7 所示。换脸后，得到专属的半身职业照，人物可较好地贴合职业照底图人物的面部轮廓，效果如图 3-8 所示。

图 3-7　设置 roop 参数

图 3-8　形象照（上排为底图，下排为换脸效果）

3.3　集体照我不在

　　生活中经常出现不可预料的突发情况，导致缺席亲朋好友的合影，令人感到遗憾。幸运的是，通过 SD-webUI，可以将缺席的人自然地融入合影中。操作步骤如下：

　　（1）找到或拍一张不在场的人与合影人物类似姿势的照片，然后使用 Segment Anything 等插件抠出不在场的人的图像，如图 3-9 所示。

图 3-9　人物抠图

　　（2）将抠出的不在场之人放置在合照中，小幅度重绘，使人物融合更自然，效果如图 3-10 所示。

图 3-10　合照效果

3.4 给婚纱照换背景

影楼提供的婚纱照服务，一般在指定景区拍摄。婚纱照是对爱情和美好婚姻的寄托，新娘希望自己的婚纱照独特而美丽，与影楼千篇一律的定制场景有所区别。可以使用 AI 绘画自然地更换婚纱照背景，如自由地将背景切换为马尔代夫或大草原，具体步骤如下：

（1）准备婚纱照，使用 PS 2024 移除背景，抠出新郎与新娘的图像，结果如图 3-11 所示。

图 3-11　合照抠图

（2）继续使用 PS 2024，依次进行右键蒙版、添加蒙版到选区、反选区域等操作后，以马尔代夫背景为提示词进行创成式填充，生成马尔代夫风景照，效果如图 3-12 所示。

图 3-12　换为马尔代夫背景

（3）更换提示词，分别以内蒙古大草原、敦煌沙漠、长城和酒店背景为例，更换婚纱照背景，然后进行创成式填充，效果如图 3-13 所示。

图 3-13　更换为大草原、沙漠、长城、酒店背景的效果

3.5　个性化人物头像

　　人们经常会在朋友圈晒自己的个性照片，也经常会使用个性化头像在各大网站注册账户。大多数人都会好奇：自己老了后是什么样子？ AI 绘画能让我们"千变万化"，看到不一样、多彩的自己。

1. 不同年龄

AI 绘画可以检索人物的五官等特征，利用相关模型预测人们的未来相貌。在 SD-webUI 中的操作过程如下：

（1）上传一张自己的照片至图生图界面作为底图。

（2）在提示词区域分别输入年龄 10、30、50、60years old；重绘幅度为 0.6；种子为 −1；然后调整适宜的重绘尺寸。对应不同年龄的提示词可生成不同年龄的图像，效果如图 3-14 所示。

底图（18岁）　　　10岁　　　　　30岁　　　　　50岁　　　　　60岁

图 3-14　年龄变化

2. 不同风格

以图 3-14 中的底图作为参考，使用风格提示词生成不同风格的头像，效果如图 3-15 所示。

底图　　　　　水墨画　　　　　二次元　　　　莫奈画风　　　　插画风

图 3-15　风格变化

3. 换脸

基于图 3-14 中的底图，使用 roop 换脸插件进行换脸（参考 3.2 节），可以获得更有趣的效果，如图 3-16 所示。

4. 指定参考风格

继续参考图 3-14 中的底图，使用 ControlNet 中的 IP-adapter 控制类型，利用图像提示词（与文字提示词类似，相当于参考底图）生成相似风格的图像，如图 3-17 所示。

图 3-16　不同类型的换脸效果展示（上排为拟换的脸，下排为换脸效果）

图 3-17　风格变化（上排为图像提示词，下排为相似风格的效果）

5. 个性化表情包

以图 3-14 中的人物底图为基础，截取其头部并上传至 Midjourney，在 Midjourney 中复制并上传图像的链接，使用提示词 "emoji sheet,grid,Ancient Chinese female ranger, clothe of the ancient China,80s anime,vintage,portrait of a girl, looking at viewer, red clothing, black hair,twin buns, [smile, cry, happy,disappointed,enjoy,surprise, laugh] --niji 5 --ar 3:5 --style cute"，可以获得该人物动漫风格的专属表情包，如图 3-18 所示。

图 3-18　Midjourney 表情包

在 PS 2024 中进行抠图，根据表情包的要求调整分辨率，展示部分抠出的白底表情包，如图 3-19 所示。

思考　　　　发呆　　　　快乐　　　　失望　　　　惊喜

图 3-19　白底表情包

处理过的表情包可上传至微信平台，网址为 https://sticker.weixin.qq.com/。按照微信平台要求提交表情包后，即可在微信聊天中使用。使用 SD-webUI 或者其他 AI 绘画平台也可实现表情包的制作。

3.6 移除路人和水印

3.6.1 移除路人

一张光线、表情、姿势都恰如其分的照片，却多出了不小心闯入镜头的路人。生活中经常会碰到这种尴尬的场景，拍摄的照片留之无用，弃之可惜。使用 AI 绘画可以很方便地实现将路人移除并修复照片的效果。

下面以可控程度较高的 SD-webUI 为例，演示使用 ControlNet 和 Inst-Inpaint 两种方式实现将路人移除的效果。

1. 使用 ControlNet 工具

操作步骤如下：

（1）将图片上传到图生图的 ControlNet 下，根据场景书写对应的提示词，以输入 simple background，为例。

（2）使用画笔将需要修改的地方涂抹覆盖，如这里想要消除路人，就将路人完全涂抹，重绘幅度为 0.8，种子为 –1。

（3）启用 ControlNet，勾选"完美像素模式"复选框，控制权重为 0.8。

（4）设置参数。控制类型为局部重绘，预处理器为 inpaint_only，模型为 control_v11p_sd15_inpaint [ebff9138]，其他参数默认不变，效果如图 3-20 所示。

图 3-20　移除路人

2. 使用 Inst-Inpaint 模型

Inst-Inpaint（https://github.com/abyildirim/inst-inpaint）是一个根据指令移除物体的扩算模型。它可以根据用户输入的词语，预测要移除的对象并移除它。以移除左边的杯子为例，效果如图 3-21 所示。

图 3-21 移除杯子（在提示词中需在拟移除的物体前加 the）

3.6.2 移除水印

有时下载的图片带有水印，可使用与移除路人相同的方式将水印去除。基于上述步骤，使用 ControlNet 工具可以将水印移除，效果如图 3-22 所示。

图 3-22 移除水印（ControlNet）

Clipdrop（https://clipdrop.co/text-remover）是 Stability AI 旗下的在线图片编辑网站。在该网站上将拟移除水印的底图上传上去，效果如图 3-23 所示。

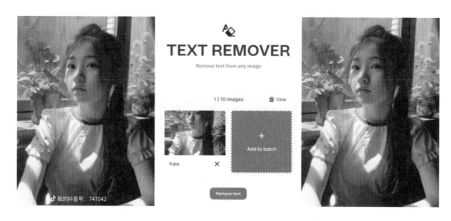

图 3-23　移除水印（Clipdrop）

除了可以移除路人、水印外，还有许多场景需要进行 Logo 或标记移除。例如，拍摄电影时，车牌号会泄露隐私，可以去除车牌号；在商业照片或短片中，在未得到星巴克的授权时，画面中出现其咖啡 Logo 可能会引起侵权纠纷，可以去除其 Logo；在朋友圈照片中，地标建筑会透露位置隐私，可以去除建筑上的文字标志。如图 3-24 展示了在这些场景下使用上述方法实现去除 Logo 与标记的效果。

图 3-24　去除 Logo 的效果

3.7 线稿上色

　　线稿或素描通常只有黑白色调,上色可以增加其视觉表现力,使作品更加生动有趣。在 SD-webUI 中,使用 ControlNet 固定线稿,然后通过提示词添加颜色和阴影,可以使黑白线稿彩色化。

　　下面以图 3-25 所示的女孩为例,上色步骤如下:

　　(1)勾选"启用 ControlNet"复选框,控制类型为 Canny,预处理器为 Canny,模型为 canny_v11p_sd15_canny。

　　(2)书写提示词,分别以 green dress、blue dress 为例,其他参数保持默认不变。

　　(3)生成图像,效果如图 3-25 所示。

　　　　线稿底图　　　　　　　　　　绿色系　　　　　　　　　　蓝色系

图 3-25　线稿上色

　　使用图 3-25 所示的线稿底图,控制模式为更偏向提示词,以提示词 Disney style、Chinese red style、Monet style 为例,可以获得更多风格的上色效果,如图 3-26 所示。

　　　　迪士尼风格　　　　　　　　中国红风格　　　　　　　　莫奈风格

图 3-26　其他风格

　　物品、建筑和室内设计等黑白线稿也可以通过 ControlNet 进行线稿控制上色。如图 3-27 展示了爆米花、别墅、客厅等进行线稿上色的效果。

图 3-27　其他线稿上色示例

3.8　扩图

在一些重要场合或者特别的时刻，我们想用相机记录下来，却只抓拍到了残缺的图像，如人物头部只拍了一半，此时会感觉特别遗憾。使用 AI 绘画的扩图功能，可以补全照片，弥补缺憾。

Midjourney、PS 2024、SD 等都提供了扩图功能，均可实现较好的效果。这里先以 SD 为例进行介绍。在 SD-webUI 中，通过缩放后填充、局部重绘两种方式，可以实现扩图和补全照片。

1. 使用缩放后填充功能

使用缩放后填充功能补全图像的步骤如下：

（1）上传人物头部图像至图生图界面。

（2）缩放模式选择缩放后填充空白，调整重绘尺寸，重绘幅度为 0.6，种子为 −1。

（3）将底图 512×512 尺寸扩展至 700×1000，获得如图 3-28 所示的图像。

图 3-28　补全人物脸部的效果

2. 使用局部重绘功能

使用局部重绘功能补全图像的步骤如下：

（1）选择底图，使用缩放后填充功能，重绘幅度为 0，效果如图 3-29 所示。

图 3-29　底图缩放后的填充效果（左图为底图）

（2）将缩放后填充的图像上传至"局部重绘"界面，给扩充部分涂上蒙版，效果如

图 3-30 所示。

图 3-30　蒙版示范

（3）输入提示词，以提示词 bar 为例，获得如图 3-31 所示的图像。

图 3-31　扩充效果

3. 使用 Midjourney

使用 Midjourney 的 Zoom Out 也可以快速实现图像扩充，但只能扩充 Midjourney 生成的图像。以图 3-32 中的底图例，先进行左右扩充后再进行上下扩充，效果见图 3-32。

底图   左右扩充

上下扩充   Zoom Out

图 3-32　Midjourney 扩图（Zoom Out）效果

4. 使用 PS 2024

将需要扩充的底图导入 PS 2024，新建一个 2000×2000 的画布，以图 3-33 所示的底图为例，反选所选区域，输入扩充提示词绘画本上正在拆圣诞节礼物的女孩进行创意填充，获得如图 3-33 所示的效果。

图 3-33　PS 2024 扩图（左图为底图，右图为扩充效果图）

3.9 修复老照片

家中珍藏的老照片由于当时拍摄技术欠缺或保存不善，导致照片变得模糊。模糊的旧照片珍藏着人们的回忆，更寄托人们对过去的感怀，那么应该如何修复老照片呢？

另外，我们经常在教科书上看到伟人的照片，但有的照片比较模糊，如何修复这些珍贵的照片呢？

使用 AI 绘画修复旧照片的方式较多，需要根据照片残缺程度和修复目标来确定。AI 绘画修复技术主要包括修复模糊的照片、旧照片上色和残缺照片修复。

1. 修复模糊的照片

针对模糊不清但轮廓可辨的照片，使用 Adetailer 插件可以将其修复。以图 3-34 左边的女孩照片为例，设置参数：重绘幅度为 0.7，种子为 –1，启用 After Detailer，模型选择为 face_yolov8n.pt，ControlNet 模型为 control_v11f1e_sd15_tile。参数设置完成后，单击"生成"按钮，获得如图 3-34 所示的修复效果。

使用同样的步骤，可以修复爱因斯坦的旧照片，效果如图 3-35 所示。

图 3-34　修复个人照片

图 3-35　修复爱因斯坦的照片

2. 旧照片上色

很多旧照片是黑白照片，给旧照片上色是照片修复的重要工作。使用 ControlNet 的 Softedge（软边缘）功能，可以实现黑白照片色彩化，如图 3-36 所示。

底图　　　　　　　　Softedge预处理效果　　　　　　　　上色效果

图 3-36　Softedge 上色效果

为了避免颜色污染，可以使用 cutoff 插件从主提示词中提取色彩词。继续使用图 3-36 中的底图，分别以蓝色头发、黄色帽子和粉色头发、黄色衣服提示词为例，使用 recolor 控制类型，效果如图 3-37 所示。

图 3-37　recolor 结合 cutoff 的上色效果

3. 残缺照片修复

对于残缺程度较高的照片，需要先使用 PS 2024 的污点修复画笔工具修复破损的地方，获得基本轮廓线条后，使用 SD 后期处理提高修复照片的清晰度，可以实现较好的修复效果。下面以修复爱因斯坦的家庭合影旧照片为例进行介绍，SD 后期处理参数设置如图 3-38 所示，处理效果如图 3-39 所示。

使用 recolor 和 PS 2024 的神经滤镜功能，对图 3-39 中的 SD 后期处理效果图进行上色，修复效果如图 3-40 所示。

图 3-38　SD 后期处理参数设置

底图　　　　　　PS 2024修复破损结果图　　　SD后期处理结果图

图 3-39　旧照片修复结果 1

底图　　　　　　　　　recolor　　　　　　　　　PS 2024

图 3-40　旧照片修复结果 2

第 **4** 章
创意应用

在艺术作品中,层出不穷的 AI 应用不可或缺。AI 绘画创意应用解放了艺术家的想象力,让创作过程更加高效;图标制作使品牌形象更为鲜明、统一;手绘 GIF 与涂鸦让表达效果更加生动;让图像中的人说话、拖曳改图以及错觉艺术拓展了视觉的深度;全景图和艺术二维码则为观众提供了沉浸式的体验。这些创意应用是艺术与科技的创新融合,拓展了艺术想象力,为创作者和观众带来了前所未有的体验。

4.1　创意图标的制作：Google 简笔画

企业公司需要特点鲜明的 Logo（标志）, Google 的 AutoDraw（http://autodraw.com）可以将涂鸦简笔画生成图标,进行 Logo 制作。

在 AutoDraw 中,只需要勾勒出拟绘制物体的大概轮廓,系统就会识别并匹配可能的结果,单击目标结果,即可得到结果图。

例如,涂鸦一个卡通动物形象作为便利贴,对于没有受过绘画训练的普通人而言,只能勉强画个大概形状。但经过 AutoDraw 进行涂鸦识别后,可以生成可爱的狗或者熊猫的形象,如图 4-1 所示。

涂鸦底图　　　　　　　效果图1　　　　　　　效果图2

图 4-1　涂鸦简笔画

如图 4-1 所示的简笔画过于简单,可结合 AI 进行创意生成,以期获得较好的效果。选择图 4-1 中的熊猫简笔画作为底图，使用 Midjourney 进行处理，效果如图 4-2 所示。

图 4-2　效果对比

　　选择效果图 1、效果图 3 制作成可爱的熊猫便利贴，小朋友可以将其贴在自己喜欢的书籍上，效果如图 4-3 所示。

图 4-3　便利贴效果

4.2　手绘 GIF：Meta Sketch 让儿童涂鸦动起来

　　如果小朋友笔下的涂鸦人物可以动起来，可以更好地激发他们的兴趣与想象力。使用 Meta（https://sketch.metademolab.com/）的涂鸦产品 Sketch，可以实现让涂鸦动起来的效果。

基于 Meta Sketch，使用下面 5 个步骤即可获得如图 4-4 所示的足球动画。

（1）上传底图，底图的背景要求没有线条、褶皱，拍摄光线充足，底图人物的身体不包含手臂和腿，同时不能侵权。

（2）框选人物。

（3）调整蒙版，使用画笔涂抹未匹配的部分，使用橡皮擦除匹配多余的部分。

（4）移动人物支点。

（5）产生结果图像。

图 4-4　足球动画

采用与上面同样的步骤，可获得手舞足蹈的动态图，如图 4-5 所示。

图 4-5　涂鸦动起来了

如果选择动物，也可以获得有趣的动态图，示例如图 4-6 所示。

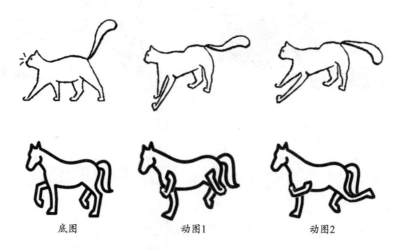

底图　　　　　　　　　动图1　　　　　　　　　动图2

图 4-6　有趣的动物动态图

4.3 让图像中的人说话：SadTalker

　　SadTalker 可以让静态图像"说话"，快速打造数字人。基于图像说话技术，有很多应用场景。例如：新闻行业的虚拟主播不用背诵冗杂的信息，也减少了口误出错的可能；销售行业的虚拟主播可以 24 小时工作，提高公司的销售业绩。SadTalker（https://github.com/OpenTalker/SadTalker）是一个开源项目，可以作为独立插件直接在 SD-webUI 中安装。SadTalker 基本能做到唇形同步，基于导入的音频，图像中的人物可以自动适配音频节奏，产生图片说话的效果。

　　在 SD-webUI 中，SadTalker 的设置界面如图 4-7 所示。

图 4-7　SadTalker 的设置界面

SadTalker 的使用步骤如下：

（1）上传人物照片。

（2）上传语音文件。建议为 WAV 格式的音频，音频时间为 10s 左右。

（3）设置人物的姿态样式。人物说话的动作样式建议参数设置为 12 ～ 20。

（4）设置人物的脸部模型分辨率。脸部的分辨率建议设置为 512。

（5）预处理。共有裁剪、缩放、完整、裁剪后扩展、填充至完整 5 个对上传底图的处理选项，建议选择"完整"单选按钮。

（6）勾选"静止模式"单选按钮，避免做动作时头部偏离身体。

（7）勾选"使用 GFPGAN 增强面部"复选框修复脸部，避免人物说话时嘴和眼的变动导致脸部变形，生成怪异的视频。

（8）单击"生成"按钮生成视频，如图 4-7 所示，可扫码观看视频。

与 SadTalker 一样，EMO（https://github.com/HumanAIGC/EMO）和 DreamTalk（https://github.com/ali-vilab/dreamtalk）也能通过一张人物参考图和音频让静态图像中的人物说话，实现动态效果。EMO 与 DreamTalk 不仅可以保持口型一致，还能自然地展现人物的面部表情和头部姿态，效果比 SadTalker 更好。截至 2024 年 3 月，DreamTalk 为已开源模型，EMO 还未开源。

4.4　拖曳改图：DragDiffusion

DragGAN（https://vcai.mpi-inf.mpg.de/projects/DragGAN/）展示的用鼠标拖曳改图技巧为图像编辑开创了全新的方向，曾一度风靡 AI 绘画圈。DragDiffusion（https://github.com/Yujun-Shi/DragDiffusion）在 DragGAN 的基础上进行了优化，可以在不影响底图的情况下精准控制图像。DragDiffusion 提供了开源代码，可本地部署，帮助设计师解决了图像微调修改的难题。

先基于项目官方文档指引安装好 DragDiffusion，然后通过简洁的界面即可让用户快速上手。DragDiffusion 的使用可以简单地分为两步。

（1）上传需要改变的底图，对需要改变的部位进行蒙版设置，如图 4-8 的左图所示。然后单击 TrainLoRA 按钮，训练底图的 LoRA 模型。

（2）单击鼠标拖动需要更改的部分，红色的点为起点，蓝色的点为终点，如图 4-8 的中图所示。单击 Run 按钮，图像开始根据红蓝点对应的矢量进行更改，进而得到心仪的图像，如图 4-8 的右图所示。

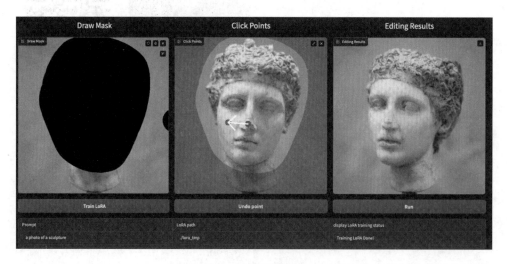

图 4-8　让人物转头

其他示例如图 4-9 所示。

图 4-9 让动漫女孩回头（官方图）

FreeDrag（https://github.com/LPengYang/FreeDrag）与 DragDiffusion 的功能相似，是另一种基于 DragGAN 的优化模型。FreeDrag、DragDiffusion 与 DragGAN 都能基于拖曳方式修改图像，能实现较多有趣的效果。下面展示官方对比案例，如图 4-10 所示。

图 4-10 拖曳改图效果对比

4.5 涂鸦：Stable Doodle

设计、广告、绘画等行业都需要先绘制草图，然后将其上色得到效果图。Stable Doodle（https://clipdrop.co/stable-doodle）可以帮助设计师将草图转化为具有吸引力和实用性的效果图，并可以辅助创造出具有创新性和个性化的作品。

　　Stable Doodle 是由 SD 母公司推出的一款涂鸦绘画工具，该工具可以根据文本提示和草图创作出精准的高质量作品。在 SD 界面顶部提供了画笔、橡皮擦、清除、恢复上次操作、返回下次操作等功能按钮，如图 4-11 所示；中间的空白区域为绘图区域；底部的 Enter a prompt 为提示词区域，在该区域可以输入想要生成的图像内容。此外，底部还提供了 style 风格选择按钮，单击 No style 按钮后会出现风格选项，如图 4-12 所示。

图 4-11　Stable Doodle 界面

　　下面以绘制猫头鹰、椅子和海水的轮廓为例，在文本框内输入 owl，从图 4-12 中选择一个 3D 样式后单击 Generate 按钮，即可获得与草图完美匹配的 3D 图片，如图 4-13 所示。

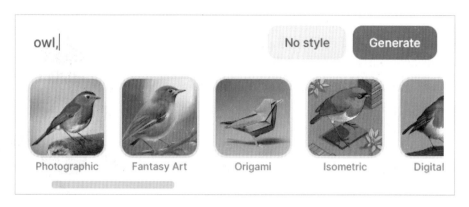

图 4-12 风格选项

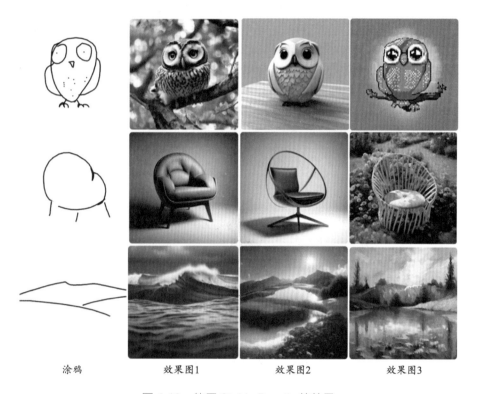

涂鸦   效果图1   效果图2   效果图3

图 4-13 使用 Stable Doodle 的效果

4.6 艺术字：无限创意

普通的文字较难吸引大众的关注，AI 创意艺术字可以达到让人眼前一亮的效果。在制作关于季节、时令和中国传统节日的海报时，使用 AI 艺术字可增加海报的吸引力，提高用户的点击率。

使用 Stable Diffusion 制作艺术字的步骤如下：

（1）确定字体图。

字体图要求为白色背景、黑色文字，如图 4-14 所示。如果没有合适的字体图片，可在词典网（网址为 https://www.cidianwang.com/）或者书法字体网（网址为 http://www.shufaziti.com/）上挑选书法字体图，也可以使用其他工具绘制字体图。

（2）设置文生图参数。

❑ 先选择模型为 darkSushiMix，外挂 VAE 为 Automatic，Clip 终止层数为 2。

❑ 提示词填写 masterpiece, best quality, flower, blue sky, grass，按需填写常用的反向提示词。

图 4-14　白底黑字底图示范

❑ 然后设置参数。设置采样方法为 DPM++ 2M Karras，Steps 为 20，种子为 –1，图像分辨率为 768×768，其他参数默认不变。

（3）设置 ControlNet 参数。

将字体图导入文生图 ControlNet 中，ControlNet 控制类型为 Scribble，参数设置如图 4-15 所示。

图 4-15　ControlNet 参数设置

（4）单击"生成"按钮。获得多种风格的春、夏、秋、冬 4 个艺术字的效果图，从中选择最满意的效果，如图 4-16 所示。

图 4-16 春、夏、秋、冬艺术字效果

用类似的方法将底图中的"霜降"二字改造成 3 种艺术效果，如图 4-17 所示。

| 白底黑字底图 | 效果图1 | 效果图2 | 效果图3 |

图 4-17 霜降效果对比

生成艺术字时，可以使用不同风格的 LoRA 模型美化图像。下面分别使用梦中花境（https://www.liblib.art/modelinfo/dae52c9752bf4bea8d9a59fbb8858eb2）、国风纸雕艺术（https://www.liblib.ai/modelinfo/875584e6f6234f47a833ec9b592c0044）、童话世界（https://civitai.com/models/42260/fairytaleai）3 个 LoRA 模型，针对春分、中秋和可学 AI 三组艺术字进行美化，效果如图 4-18 所示。

图 4-18　其他艺术字效果（春分、中秋与可学 AI）

4.7　错觉艺术：Illusion Diffusion 模型

眼见是否为实？图像中隐藏的细节告诉我们，肉眼所见并非全面，而且 AI 很擅长生成"骗人"的图像，让人产生错觉。下面以黑白的螺旋图生成城堡图为例，演示错觉艺术的具体操作方法。

4.7.1 基于 ControlNet 实现错觉效果

在 SD-webUI 中，使用 ControlNet 控制可以获得错觉效果，具体操作如下：

（1）设置文生图参数。

❑ 模型选择。使用 Dark Sushi Mix 模型（网址为 https://civitai.com/models/24779/dark-sushi-mix-mix）。

❑ 提示词填写。提示词使用 beautiful town in Greecy, castle, cinematic lighting。

❑ 参数设置。设置采样方法为 DPM++ 2M Karras，Steps 为 20，种子为 –1，图像分辨率为 605 × 605，其他参数默认不变。

（2）设置 ControlNet 参数。

使用专门控制图像视觉效果呈现的模型 control_v1p_sd15_illumination[0c4bd571]，不同的版本显示不一样（https://huggingface.co/ioclab/ioc-controlnet/tree/main/models），将其下载后放置在 ControlNet 模型对应的文件夹下，然后重启 SD-webUI。

在 ControlNet 单元中上传黑白螺旋图，设置好 ControlNet 参数，生成的预处理结果图如图 4-19 所示。

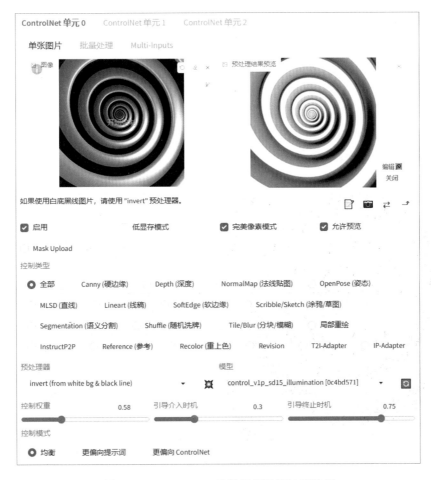

图 4-19　ControlNet 参数设置及预处理结果

（3）效果图展示。

在 ControlNet 控制下，基于黑白螺旋图底图生成梦幻城堡，效果如图 4-20 所示。

底图　　　　　　　　　　预处理结果图　　　　　　　　　结果图

图 4-20　效果展示

4.7.2　基于 Illusion Diffusion 实现错觉效果

Illusion Diffusion（https://huggingface.co/spaces/AP123/IllusionDiffusion）　在 Huggingface 提供了在线试用平台。上传底图到该平台上，然后输入提示词，调整少量参数，即可生成图像。

在调整参数时，Illusion strength 表示图像的控制权重，范围为 0 ～ 5，默认为 0.8。控制权重越高，生成的图像就越接近底图；控制权重越低，则 AI 自由发挥的空间越大。

基于黑白螺旋图底图，控制权重设为 0.8，提示词为 beautiful town, snow，生成视觉错觉图的效果如图 4-21 所示。

图 4-21　螺旋小镇错觉效果

下面分别以马赛克、对号、小猫为底图，生成林间小屋、雪山峡谷、夜间小镇错觉效果，如图 4-22 所示。

图 4-22　其他错觉效果展示

4.8　全景图：SkyBox 与 ControlNet

基于全景图，我们可以全方位浏览建筑、景观等大型场景的细节，仿佛置身其中，增强真实感。游戏公司可以利用 SkyBox 与 SD-webUI 生成全景图来制作游戏场景，构造 VR 与 AR 等虚拟现实世界。

4.8.1　使用 SkyBox 实现全景图

SkyBox（https://skybox.blockadelabs.com/）是一款制作全景图像的生成式 AI 工具，通过提示词引导生成内容。以提示词梦想你的世界为例，生成效果如图 4-23 所示。

对全景图界面的编辑区域的工具（按图 4-23 中的标注顺序）介绍如下：

❑ 🖐：移动键，单击该按钮可以在全景图的各个角落移动。

❑ ✏️：画笔，可以涂鸦，输入英文提示词，单击该按钮即可生成与涂鸦内容对应的全景图。

❑ 🧽：橡皮擦，擦除涂鸦的内容。

❑ ⊘：清屏，清除所有的涂鸦内容。

❑ ↩：恢复上次操作，即撤销至上一步。

❑ ↪：返回上次操作。

❑ ⬤：球体空间，将全景图放至球体空间，如图 4-24 左图所示。

- □ ⊞：立方体空间，将全景图放至立方体空间，如图 4-24 右图所示。
- □ ⊠：查看图片，查看生成的全景图。
- □ ⊞：添加平面，将全景图展示在网格平面上，如图 4-23 所示。

图 4-23　生成的全景图

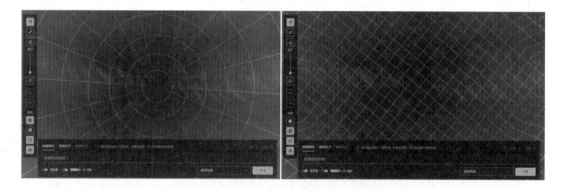

图 4-24　球体空间与立方体空间效果展示

以提示词：Movie stills, tall buildings in the distance, working in an aerial garden, drinking green tea, sitting by the window, reading, sky, clouds, bright and cheerful, warm and soft lighting, sunset, detailed details, beautiful big eyes, eyes looking towards me 为例，选择水彩风格，单击"生成"按钮，获得水彩风格的室内全景图，如图 4-25 所示。单击平移按钮（ ⊡ ），使用鼠标拖曳效果图，可以 360°观看室内建筑的细节。

图 4-25 水彩风格的室内全景

使用相同的提示词,选择赛博朋克风格,单击"生成"按钮,获得城堡图,效果如图 4-26 所示。同样,使用鼠标拖曳效果图,可以环绕观看城堡的景观。

图 4-26 城堡效果

4.8.2 使用 ControlNet 实现全景图

下面在 SD-webUI 中以生成建筑的室内全景图为例,详细介绍操作过程。

(1)设置文生图参数。

❑ 选择模型。SD 模型选择 anything-v5,外挂 VAE 模型为 None,CLIP 终止层数为 2。同时,使用全景图 LoRALatentLabs(https://civitai.com/models/10753)。

❑ 书写提示词。提示词为 <LoRA:LatentLabs360:1>,best quality,masterpiec8K.HDR. Intricate details, ultradetailed,8k,masterpiece,bestqualitxinzhongshi_01,indoors,window, chair,table,door,indoorsn humans, couch, plant, curtains, potted，按需填写常用的反向提示词。

❑ 设置参数。设置采样方法为 Euler a，Steps 为 20，种子为 –1，图像分辨率为 1600×800，其他参数默认。

（2）设置 ControlNet 参数。

启用 ControlNet，上传底图，使用 Depth 控制模型，控制权重为 1，引导介入时机为 0.2，引导终止时机为 0.81，如图 4-27 所示。

图 4-27　ControlNet 参数设置

（3）生成全景图并在线浏览。

生成全景图的效果如图 4-28 所示。为了体验 3D 全景效果，用户可登录建 e 网（网址为 https://vr.justeasy.cn/index.html），上传图 4-28 所示的全景图，通过鼠标操作可观看 360° 环绕效果，如图 4-29 所示。

图 4-28　全景效果

图 4-29　在线浏览全景效果

4.9　艺术二维码

一般，商家会在海报上留下二维码入口，在直播页面留下购买链接的二维码等，感兴趣的客户可以扫码购买。

常规的二维码一般呈黑白配色、点块分布，千篇一律，有没有办法让二维码更酷、更具艺术性？AI 绘画让艺术二维码成为现实。

在 SD-webUI 中使用 ControlNet QR Pattern（QR Codes），可以将二维码与图像结合，生成非常独特的可扫码识别的图像。ControlNet QR Pattern（QR Codes）是 ControlNet 控制插件，可以通过网址 https://civitai.com/models/90940/controlnet-qr-pattern-qr-codes 进行下载，下载完成后，将模型移至…\models\ControlNet\ 文件夹下，重启 SD 即可使用。

4.9.1　生成过程

下面详细讲解艺术二维码的生成过程。

（1）二维码解码。

在使用二维码之前，首先需要将二维码解码。登录草料二维码网站（https://cli.im/deqr）将二维码图片上传至"二维码解码器"区域即可获得解码后的图像，如图 4-30 所示。

图 4-30　草料二维码解码器

热情的 AI 绘画社区分享者开发出了效果更好的二维码解码插件 SD-webUI-qrcode-tool-kit（https://github.com/antfu/SD-webUI-qrcode-toolkit.git），可以直接在 SD-webUI 扩展中搜索下载此插件并安装，安装完成后，重启 SD-webUI 即可使用。使用该插件定制个性化二维码，可以更自然地将二维码隐藏在图像中，如图 4-31 所示。

输入二维码对应的链接后，通过二维码形状调节参数，可以修改二维码的形状和占画布区域。一般将黑块分布密集的二维码修改为黑块较小且稀疏的新形状。

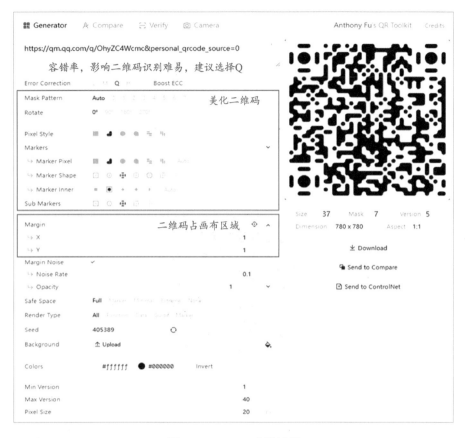

图 4-31　toolkit 参数设置

（2）模型下载。

基于常用底模即可生成艺术二维码，但不同底模的生成效果不一样。根据经验，为了能抽出效果更好的艺术二维码，推荐使用 ReV Animated（https://civitai.com/models/7371）基础大模型作为底模。

在艺术二维码生成过程中需要使用 ControlNet 进行控制，因此需要下载 control_v1p_sd15_qrcode_monster 模型（https://huggingface.co/monster-labs/control_v1p_sd15_qrcode_ monster）。下载完成后，将 control_v1p_sd15_qrcode_monster.safetensors 文件放置到 …\models\ControlNet\ 文件夹下，将 control_v1p_sd15_qrcode_monster.yaml 放置到 …\extensions\SD-webUI-controlnet\models 文件夹下。

（3）设置文生图参数。

在文生图中，需要同时填写正向提示词和反向提示词。

正向提示词：(masterpiece), (best quality),garden, balcony, potted plants, green plants, green background, cloud, 1girl, sky, water, ocean, cloudy sky, blue eyes, blue sky, halo, window, solo, white hair, horizon, planet, constellation, day。

反向提示词：(worst quality, low quality:1.4), fastnegativev2, ng_deepnegative_v1_75t, (low quality, worst quality:1.4), (bad anatomy), (inaccurate limb:1.2), bad composition, inaccurate eyes, extra digit, fewer digits, (extra arms:1.2)。

然后进行参数设置。采样方法为 Euler a，迭代步数为 34，种子为 –1，图像分辨率为 856×856，其他参数默认不变。

（4）设置 ControlNet 参数。

启用 ControlNet 的 ControlNet Unit0，导入图像并设置参数，如图 4-32 所示，然后单击"生成"按钮。

图 4-32　ControlNet 参数设置

继续启用 ControlNet 的 ControlNet Unit1，参数设置与 ControlNet Unit0 一致，仅修改 3 个参数，分别是控制权重为 0.3，引导介入时机为 0.41，引导终止时机为 0.87。

所有参数设置完成后，批量生成二维码并择优。一般难以同时生成容易识别又高度融合的图像二维码，需要反复尝试。

4.9.2 效果展示

根据 4.9.1 节的步骤，生成本书书友群和公众号艺术二维码，如图 4-33 和图 4-34 所示。

图 4-33 二维码示例（QQ 书友群二维码）

图 4-34 "可学 AI"公众号二维码 1

上面展示了少女、厨师、猫、美食等多种形态的正方形艺术二维码，但二维码痕迹仍然较为明显。为了让艺术二维码的融合更加自然，一般会增加二维码之外的空白区域，如将二维码画布扩展为长方形（或者直接调整拟生成艺术二维码图片的尺寸）。下面继续以可学 AI 公众号二维码为例，将其扩充为长方形后重新生成，可以看到，二维码与背景融合度大幅提高，如图 4-35 所示。

图 4-35 "可学 AI"公众号二维码 2

4.9.3 生成经验

经过长期使用，对生成艺术二维码，笔者总结了如下经验：

☐ 不建议启用高清修复功能。

☐ 迭代步数不低于 40 步。

☐ 反复调整控制权重、引导介入和终止时机，一般可获得可识别且融合度较高的二维码。

☐ 当控制权重过高时，二维码容易识别，但融合和隐藏效果不好。

☐ 当二维码难以识别时，可以增加控制权重。

☐ 当二维码容易识别时，可以调整引导时机，提高融合和隐藏效果。

如果生成的艺术二维码扫描后无法识别，反复尝试始终无法获得较好的效果，那么可以将文生图中的艺术二维码发送到图生图界面，然后进行如下操作：

（1）根据效果多次调整参数。重绘幅度参数为 0.25，种子为 –1，其他参数影响不大，按常规方式取值。

（2）启用两个 controlnet 单元，分别进行如下操作：

① 在 0 单元上传二维码底图，模型选择 Tile，参数默认不变。

② 在 1 单元中使用 Brightness。

使用 Brightness 通过增加明暗对比，可使得二维码更加明显。在使用 Brightness 前，需要下载 control_v1p_sd15_brightness.safetensors 模型（huggingface.co/ioclab/ioc-controlnet/tree/main/models），下载完成后将模型放至…\models\ControlNet 文件下。在 ControlNet 中使用 Brightness 时，预处理器选择无，模型选择 control_v1p_sd15_brightness.safetensors。一般情况下，控制权重为 0.2～0.5，引导介入时机为 0.3～0.5，引导终止时机为 0.6～0.8，即可得到良好效果的艺术二维码。

第 **5** 章
电商模特与服装设计

在服装类电商中，聘请模特展示服装效果，从而激发用户的购买欲望是通用的营销方法，如图 5-1 所示。时尚、优雅的模特展示效果可以显著提高品牌形象，增加商品的销量，从而提高收入。因此，拍摄模特的试衣效果是电商推广中重要的一环。

图 5-1　淘宝网上的服装详情页——模特展示

根据《每日经济新闻》报道，电商行业每年花费在商品拍摄上的成本高达 200～300 亿元。在服装类电商中，使用真人模特进行拍摄的资金占比较高。同时，通常需要以多个角度、多种颜色和不同场景来展示服装的特色，这就需要拍摄大量的图片，时间成本较高。

使用 AI 绘画技术生成适配服装的 AI 模特，可以大幅降低请真人模特来展示服装所产生的费用和时间。常见的应用场景如下：

- 仅使用服装图片直接生成 AI 模特。
- 人台（假人）转真人模特。将服装穿到人台上并拍照，然后通过 AI 将人台转换成真人模特。
- 真人实拍换脸等。使用真人模特试穿服装并拍照，然后通过 AI 替换模特或对模特进行优化，让效果更好。

另外，使用 AI 更换背景可以满足场景的多样性展示需求，还可以使用 AI 更改模特的肤色和脸型，这些是常用技巧在上述三大应用场景中均有涉及，读者可举一反三，此处不再单独展示。

5.1 给平铺图配模特

将服装平铺或者挂在衣架上进行拍摄，然后使用 AI 生成适配该服装的模特，这是最简单的电商模特生成方式。但其缺点是衣服没有穿在人身上，缺乏自然的纹理与姿势，导致衣服与模特的融合度较低，效果略显呆板。虽然这种生成方式缺点明显，但是成本很低，适合对品牌形象要求不高、成本控制较低的商家。

下面以牛仔短裙为例进行演示。

1. 服装蒙版

如图 5-2 所示的白底平铺的牛仔短裙图像是由商家提供的，使用 PS、Segment Angthing 或 Rembg 等抠图插件对服装图像进行蒙版处理并保存蒙版图像。

（1）在 Segment Anything 内打开服装图像，并使用鼠标标记提取的物体，如图 5-2 所示。

图 5-2　蒙版效果

（2）单击"预览分离结果"按钮，选择其中效果较好的一张蒙版保存至本地，如图 5-3 所示。

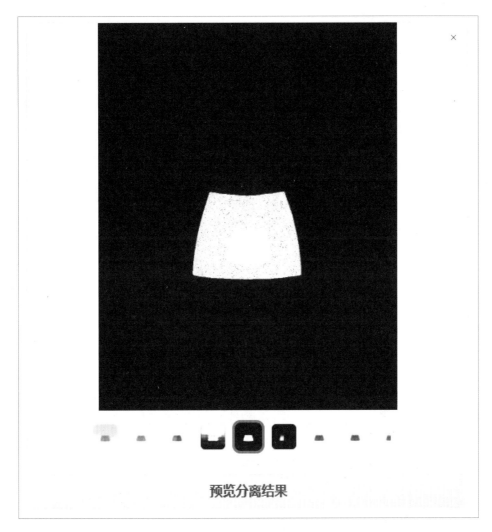

图 5-3　分离结果

2. 上传重绘蒙版并调试参数

（1）在"上传重绘蒙版"选项卡中分别上传服装图像与服装蒙版图像，结果如图 5-4 所示。

（2）输入提示词，调整参数。

使用的提示词为 A girl, solo, at the end of the beach by the sea, the sun at dusk, waves, rocks, seagulls flying in the air, a string of footprints on the beach。

设置参数。模型为 chilloutmix_NiPrunedFp32，蒙版模式为重绘非蒙版内容，重绘区域为整张图片，采样方法为 DPM ++ SDE Karras，Steps 为 40，重绘幅度为 0.75，种子为 –1，提示词引导系数为 7，其余参数保持默认不变。

图 5-4　上传重绘的蒙版

3. 服装硬边缘处理

打开 ControlNet 中的 ControlNet Unit0，勾选"启用"复选框，如图 5-5 所示。

图 5-5　Lineart 预处理

设置参数。勾选"完美像素模式"复选框，控制类型为 Lineart（线稿），预处理器为 lineart_standard，控制权重为 1，引导终止时机为 0.9，其余参数保持默认不变。

4．控制模特姿态

（1）打开 ControlNet 的 ControlNet Unit1，勾选"启用"复选框，上传底图（图 5-2 中的牛仔短裙）。

随后进行参数设置。勾选"完美像素模式"复选框，控制类型为 OpenPose（姿态），预处理器为 openpose_full，控制权重为 1，其余参数保持默认不变。

（2）设置模特的姿势。在 3D OpenPose 中编辑人物姿态以适应服装展示的要求，如图 5-6 所示。

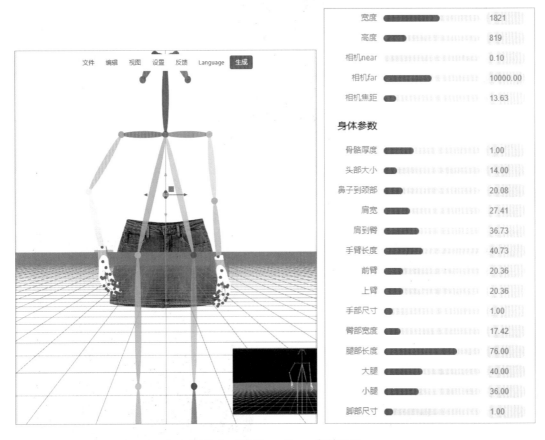

图 5-6　3D OpenPose 参数设置

（3）修改背景图像的宽和高与服装图像的宽和高一致。在本例中服装图像的宽和高为 465×704，将骨骼姿势图中的宽和高调整一致。调节人物的骨骼姿态，按需求修改身体参数，如肩宽、手臂长度和腿部长度。

（4）单击"生成"按钮，跳转至"发送到 ControlNet"页面，姿势图 Control Model number 选择 1，其他图像的 Control Model number 选择为"—"（表示不发送），然后单击"发送到文生图"按钮，如图 5-7 所示。

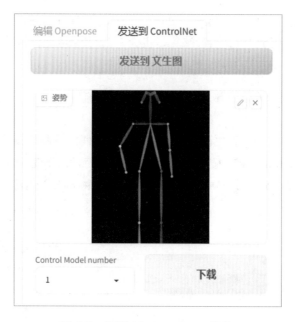

图 5-7　设置 3D OpenPose 姿势

5. 批量生成图像并择优

单击"生成"按钮，等待批量图像生成，然后择优其中一张进行展示，如图 5-8 第一张图所示。然后用同样的方式继续生成不同姿势、不同背景的展示图。

图 5-8　批量生成结果

图 5-8 批量生成结果（续）

使用同样的方法基于其他服装得到的展示效果如图 5-9 所示。

图 5-9　其他展示效果

在实际使用时，通常要反复抽图，然后在批量生成的图像里选择较好的效果图。如果结果不符合预期，则可以重新生成。如果生成的图像比较怪异，则需要检查参数是否出错，或者重新编辑人物的姿势参数。

❑ 如果图像出现崩坏或畸形，则可以使用 Adetailer 插件修复模特的脸、手和姿势。

❑ 如果生成的图像效果较好，但是对背景不满意，也可以使用 Rembg 等插件抠图，使用提示词修改图像背景。

5.2　人台

人台是指为了展示服装上身效果而使用的模型，也称为假人。本节介绍如何通过人台生成模特，并更换模特的背景。

5.2.1　上传重绘蒙版法

上传重绘蒙版法与 5.1 节介绍的方法基本一致。首先，使用 Segment Anything 获取人台身上的服装蒙版和服装分离图。然后将底图上传至重绘蒙版中，再使用 controlnet 控制服装的细节，使用姿势控制插件控制模特的生成。

（1）在 Segment Anything 中打开如图 5-10 所示的服装图像，然后使用鼠标标记拟提取的人台，如图 5-11 所示。

图 5-10　商品正面图（图片来自 WeShop）

（2）单击"预览分离结果"按钮，选择其中效果较好的蒙版与服装分离图保存至本地，如图 5-12 所示。

（3）在图生图的上传蒙版区域，分别上传服装图像与服装蒙版图像，然后输入提示词并设置参数如下：

提示词为 A girl with a simple background, high quality, bikini。

模型为 chilloutmix_NiPrunedFp32，蒙版模式为重绘非蒙版内容，重绘区域为整张图片，采样方法为 DPM ++ SDE Karras，Steps 为 40，重绘幅度为 0.75，种子为 –1，提示词引导系数为 7，其余参数保持默认不变。

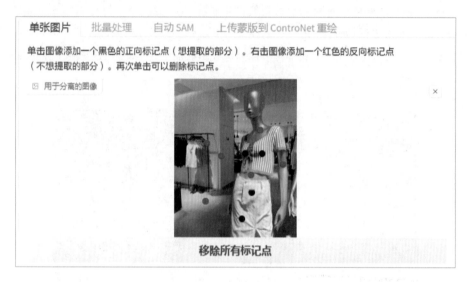

图 5-11　获取蒙版

图 5-12　蒙版图像

（4）打开 ControlNet 的 ControlNet Unit0 并勾选"启用"复选框，导入图像（图 5-10）后，进行参数设置。勾选"完美像素模式"复选框，控制类型为 OpenPose（姿态），预处理器为 openpose_full，控制权重为 1，其余参数保持默认不变。处理结果如图 5-13 所示。

（5）在 ControlNet 的 ControlNet Unit1 选项卡中勾选"启用"复选框，进行参数设置。勾选"完美像素模式"复选框，控制类型为 canny（硬边缘），预处理器为 Canny，控制权重为 0.7，引导介入时机为 0.1，引导终止时机为 0.9，其余参数保持默认不变。处理结果如

图 5-14 所示。

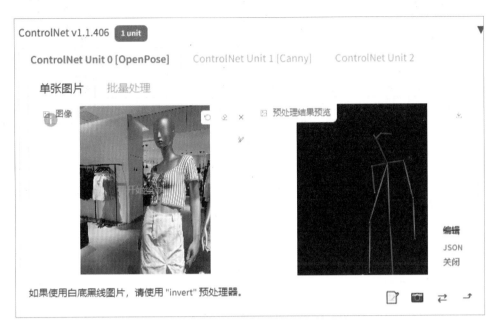

图 5-13　3D OpenPose 的预处理结果

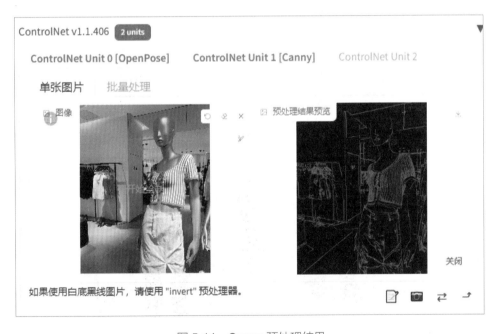

图 5-14　Canny 预处理结果

（6）单击"生成"按钮，经过多重控制后，生成效果较好的图像的概率较大，可以进行多次生成并使用不同的提示词，直到获得 3 张满意的不同背景的效果图，如图 5-15 所示。

图 5-15 满意的结果

5.2.2 局部重绘法

上传重绘蒙版法可以获得较好的 AI 模特展示效果，但在抠图时无法保证服装细节的完整性。下面介绍的局部重绘法，通过逐一绘制人台模特的各个部位，可以完整地保留服装的原貌。

（1）将服装原图上传到局部重绘区域。

图 5-16 原图

图片链接为 https://www.alibaba.com/product-detail/Wholesale-White-male-mannequin-full-body_2396524899.html。

（2）在局部重绘区域中输入提示词并进行参数设置。参数设置如下：

模型为 chilloutmix_NiPrunedFp32，蒙版模式为重绘蒙版内容，重绘区域为整张图片，采样方法为 DPM ++ SDE Karras，Steps 为 35，重绘幅度为 0.75，种子为 –1，提示词引导系数为 7，其余参数保持默认。

提示词为 boys, no pants, shoe, socks。

（3）保持参数不变，使用画笔依次将图 5-16 中 3 个模特的脸部蒙住，单击"生成"按钮选择面部生成效果较好的图像进行保存，再将保存的图上传，继续使用画笔将 3 个模特的手部蒙住，单击"生成"按钮选择手部生成效果较好的图像进行保存。重复上述操作完成 3 个模特的脚部重绘。3 个模特的面部、手部和脚部的蒙版过程如图 5-17 所示。

图 5-17　局部重绘（脸部、手部和脚部）蒙版图像

完成人台在服装外部露出部位的重绘后，可得到最终效果如图 5-18 所示。图 5-19 展示了其他单人女性与男性服装人台局部重绘效果。

图 5-18　最终的效果

使用相同的方法，针对单个的女性、男性、儿童分别进行人台局部重绘，总体效果较好，但针对儿童的有一些缺陷，使用时需要注意。

图 5-19 半身人台效果展示

由上述过程可知，局部重绘法比较烦琐不易操控，重绘部分不易融入原图背景，但细节保留完整，出图效果较好。

5.3 将真人模特换脸

在前面的介绍中，直接使用服装图像的效果比较呆板，使用人台模特的姿势又受限，在重绘过程中只能控制模特的姿势进行小幅度的改变。这些因素在很大程度上限制了服装展示的多样性。

另外，随着希音等服装跨境电商的兴起，越来越多的国内服装品牌寻求出口。然而，国内服装品牌已经在淘宝网等平台展示了采用国内模特的服装上身效果，如果为了出口，请国外的模特重新拍摄，则成本会非常高。如果通过 AI 绘画，将国内服装模特的展示图替换成国外模特的展示图，那么就能替代重新拍摄这一高成本方案。

使用真人模特进行换脸可较好地解决上述问题。首先，我们使用普通模特拍摄多张不同角度、不同姿势的服装展示图，然后通过 SD-webUI 将服装展示图中的模特的脸替换成国外模特的脸，达到更本地化的上身效果。

（1）将真人服装原图（图 5-20）上传到局部重绘区域，然后参考图 5-17 的蒙版和控制方式，此处不再赘述。

图 5-20 模特底图

（2）参数设置如下：

提示词为 female, cute face, Cupid mouth, hair。

模型为 chilloutmix_NiPrunedFp32，蒙版模式为重绘蒙版内容，重绘区域为整张图片，采样方法为 DPM ++ SDE Karras，Steps 为 35，重绘幅度为 0.40，种子为 –1，提示词引导系数为 7，其余参数保持默认不变。

（3）单击"生成"按钮，批量生成图像并选择获得的换脸和换背景最好的效果，如图 5-21 所示。

图 5-21　真人换脸

5.4　完全使用 AI 生成模特

在服装类电商中，请模特进行拍摄所产生的费用和高退 / 换货率是构成运营成本的主要因素。如果能使用 AI 进行服装展示并且可以在线试穿，则可以大幅降低运营成本。

国内出现了数家专注于 AI 服装电商模特的创业公司，如摹小仙（https://www.moxiaoxian.art/ ）、WeShop（https://www.weshop.com/ ）等。美图秀秀、无界 AI 等 AI 图像处理公司也开辟了 AI 模特板块。但摹小仙和美图秀秀等都是基于前面 3 节所展示的工作流，一般需要人工辅助出图或需要对图片进行后期精修。

下面介绍完全使用 AI 生成服装模特的两项新技术与一家新平台。它们虽然没有完全成熟，但有巨大的潜力。使用效果表明，通过大量训练模型，可以完全使用 AI 生成效果满意的 AI 模特，但是成本较高，因此服装模特将不再是技术问题而是如何商业化的问题。

5.4.1 Anydoor 简介

在 2023 年 7 月，阿里达摩院推出了创造性的新模型 Anydoor（https://modelscope.cn/studios/iic/AnyDoor-online/summary）。该模型可以实现将底图中的物体移动到目标图像上并与目标图像上自然融合的功能。例如，将服装平铺图移动到模特身上，实现模特换装的效果。Anydoor 的官方案例表明，Anydoor 完全可以使用 AI 实现电商模特的商业落地，如图 5-22 所示。

图 5-22　服装平铺图上身效果（官方示例）

AnyDoor 不仅提供了开源版本（https://github.com/ali-vilab/AnyDoor/tree/main），还提供了在线试用 Demo，如图 5-23 所示。

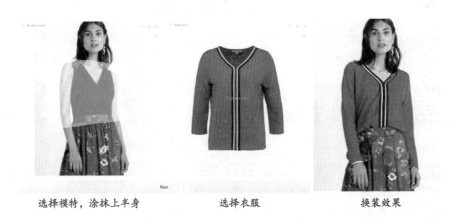

选择模特，涂抹上半身　　　　　选择衣服　　　　　换装效果

图 5-23　AI 模特换装在线试用

5.4.2 Outfit Anyone 简介

Outfit Anyone（https://modelscope.cn/studios/DAMOXR/OutfitAnyone/summary）可以视

为升级版的 AnyDoor，二者均由阿里巴巴开发。阿里巴巴宣称该模型可适用于任何服装和任何人的高质量虚拟试穿。阿里巴巴的官方展示案例和在线使用结果表明，Outfit Anyone 可以使用 AI 实现服装类电商模特的功能，而且出图效果较好，基本满足了商用的要求。

　　Outfit Anyone 支持各类复杂的服饰、多样的姿势和多种体型，可满足 AI 电商模特多样化的展示需求，如图 5-24 所示。在生成服装模特的场景中，Outfit Anyone 可以通过提供模特底图实现对模特的控制；通过将服装进行变形并与模特姿态、体型对齐，进而实现对服装的控制；通过文字提示词实现对图像全局的控制。

图 5-24　不同体型的服装上身效果（官方示例）

　　使用 Outfit Anyone 仅需输入服装平铺图（单件服装或成套服装均可）即可，如图 5-25 所示。我们在 5.1 节中展示牛仔短裙平铺图适配 AI 模特的效果时，提到直接使用服装图像不易控制且效果呆板。在 Outfit Anyone 中，开发人员在提高服装上身后的自然度方面进行了算法优化。另外，为了使模特展示效果达到直接商用的摄影级别的质量，开发人员基于试衣模型结构开发了 Refiner 模块。Refiner 模块可以在保留服装基本形态（纹理、结构、形状、色彩等）的基础上，提升服装的质感和模特的真实度。

模特　　　　　服装　　　　　上身效果

图 5-25　服装平铺图上身效果（官方示例）

Outfit Anyone 提供了在线试用 Demo，其界面简洁、操作简单，如图 5-26 所示。

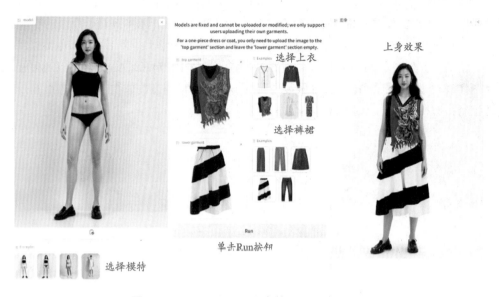

图 5-26　Huggingface 平台的 Outfit 试用界面

5.4.3　可学试衣简介

武汉可学 AI 团队与杭州心念绘见团队共同推出的虚拟试衣平台（https://www.fit.xueai. art/）使用改进的 AI 电商模特工作流后的新技术，提供了高效的 AI 模特解决方案。商家只需要提供一张服装的正面照片，选定平台提供的模特后，AI 会根据特定的工作流处理服装照片并将衣服穿到模特身上，如图 5-27 所示。随着人物姿势的改变，衣服状态也会随之改变，整个流程较简单，效果较好，如图 5-28 所示。

图 5-27　试衣平台

图 5-28　试穿效果展示

5.4.4　其他虚拟试衣平台

1. Diffuse to Choose：亚马逊出品

同为电商巨头的亚马逊在 2024 年 1 月推出了 AnyDoor 的竞品即 Diffuse to Choose（https://diffuse2choose.github.io/）。Diffuse to Choose 基于扩散模型，实现了与 AnyDoor 极为相似的功能，将商品自然地放入环境中进行展示。在服装类电商场景中，可以将服装"穿在"模特身上，为网购客户提供身临其境的虚拟试穿服务。在试穿时，模型可以捕捉商品细节，并与环境高度融合，如图 5-29 所示。

图 5-29　Diffuse to Choose 换装效果（官方示例）

2. OOTDiffusion：可本地部署

作为当前虚拟试衣的唯一开源平台 OOTDiffusion（https://github.com/levihsu/OOTDiffusion），其试穿效果如图 5-30 所示。我们可以在 ComfyUI 中直接安装 OOTDiffusion，也可以在线试用（https://huggingface.co/spaces/levihsu/OOTDiffusion），如图 5-31 所示。已公开基于

VITON-HD（半身）和 Dress Code（全身）训练的 checkpoint 模型经测试，非案例预训练的服装效果一般。

图 5-30　OOTDiffusion 换装效果（官方示例）

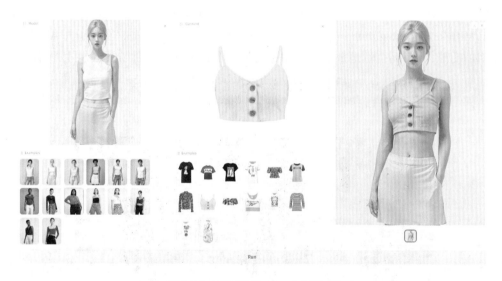

图 5-31　OOTDiffusion 试用效果

3. Street TryOn：使用户外非配对数据

Street TryOn（https://cuiaiyu.github.io/StreetTryOn/）可以直接实现街拍虚拟试衣的效果，其数据集与代码均开源，效果如图 5-32 所示。Street TryOn 一般使用背景干净或者去掉背景的服装模特图像，利用服装与穿着该服装的人物的配对数据，通过学习，将服装图像扭曲以适应人的体型。配对数据通常从商业网站（电商会提供服装与服装模特展示效果）上收集，难以收集户外配对数据。户外图像数据中的人物的姿势、背景和光线比较复杂、混乱，Street TryOn 使用非配对的户外图像数据实现了虚拟试衣。

图 5-32　Diffuse to Choose 的换装效果（官方示例）

5.5　服装设计

AI 在服装设计领域的应用，除了可以对服装设计手稿进行快速渲染外，还可用于创意启发和模仿创新两个场景。在创意启发场景中，如私人服装定制，设计师可以根据客户要求准备提示词，让 AI 快速生成指定材料、纹理、配色、样式的服装，从而激发灵感，提高设计效率。在模仿创新场景中，如仿制潮流爆款，设计师可以根据市场上最流行的款式，使用图生图等 AI 技术吸收流行元素，在爆款的基础上进行再创新。

5.5.1　创意启发：服装定制

女孩子们对婚礼都会十分憧憬，希望她们的新娘礼服既漂亮又独一无二，因而产生了各种关于新娘礼服定制的需求。假设服装设计师跟客户沟通后，获知客户的需求如下：

风格为传统的凤冠霞帔；样式为 V 领，无袖，拖地长裙；颜色为喜庆的红色。

设计师根据上述要求，构思的提示词为：手工刺绣，精湛的工艺，高档的面料，下摆缝有精美的钻石，大红色婚纱。英文提示词为：Hand-embroidered, exquisite craftsmanship, high-grade fabrics, fine diamonds sewn at the hem, Big red wedding dress。

使用上述提示词，在 Midjourney 或 SD-webUI 中批量生成多幅效果图。经过更改优化提示词，细节局部重绘，挑选高质量图片环节后，提供数十种样式供客户挑选。下面展示其中的 6 种，如图 5-33 所示。

客户提出喜欢第一排第二幅图的裙摆与第二排第一幅图的领口设计。按客户要求多次沟通修改后，确定的最终效果如图 5-34 所示。

上面展示了 AI 在服装设计中辅助设计师进行创意启发，并和客户快速沟通修改的简单应用场景。实际上，在服装设计中，通过训练特定的纹理、材质和样式 LoRA 模型，可以从更多细节上实现 AI 定制效果，让创意更接近辅助设计。

图 5-33　新娘礼服

图 5-34　最终效果

5.5.2　融合创新：学习爆款

　　服装流行款式变化很快，过时款式很快会被市场淘汰，只有流行款式才能抢占市场。对流行元素较为敏感的服装设计师，一般会紧跟潮流，贴近市场需求，这样才能设计出受市场欢迎的服装。然而，在倡导快时尚的今天，流行款式的窗口期很短，设计师必须更快、更好地吸收流行元素并进行增量创新。AI 通过图生图、IP-adapter 控件等多种方式，可以高效吸收底图构图、元素与风格。以潮流爆款服装为底图，使用 AI 技术进行仿制创新，可以大幅度提高设计师的工作效率。

图 5-35　爆款白衬衫亮色裙

例如，近期流行白色衬衫与亮色齐膝裙的日常穿搭，淘宝网的爆款销量过百万，小红书的多位头部流量博主极力推荐。某位服装设计师敏锐地发现了这个流行趋势，参考爆款样式（图 5-35），使用 AI 绘画服装设计流程，设计出与爆款极为相似却又独具个性的新款式。

1. 根据街拍效果选择理想的款式

设计师仔细研究爆款服装（图 5-35），总结其样式特征与流行元素后，构思的提示词（附加街拍背景提示词）为：High-end, small dress, women's clothing, ((white shirt)), yellow skirt, female, summer, light luxury, high-end, full body。

设置基本参数，其中，基础大模型为 majicmixRealistic_betterV2V25.safetensors，Steps 为 20。在 SD-webUI 中生成批量图像并择优进行展示，效果如图 5-36 所示。

图 5-36　街拍效果展示

2. 根据理想款式生成三视图

服装设计除了设计正面样式，还需要设计侧面和背面样式。如果想要得到不同视角的图像，可以添加视角提示词，也可以使用相关的 LoRA 模型（https://civitai.com/models/13581）。

设置参数，启用 ControlNet，勾选"完美像素模式"复选框，"控制类型"和"预处理器"选择无，模型为 control_v11p_sd15_openpose。在 ControlNet 中上传姿势控制图像，如图 5-37 所示。

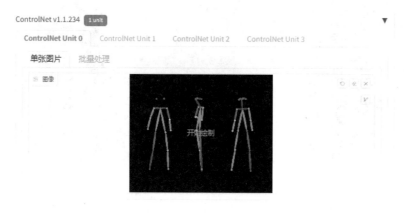

图 5-37　姿势三视图

单击"生成"按钮，批量生成图像并择优，效果如图 5-38 所示。

图 5-38　不同视角的服装展示效果

　　基于同样的流程,下面进行校服设计示范。确定爆款校服的特点,使用 AI 获得如图 5-39 所示的校服实拍图,然后选择满意的服装图样生成三视图,如图 5-40 所示。

图 5-39　校服实拍效果

图 5-40　校服三视图

第 **6** 章
室内装修设计与园林建筑设计

作为基建大国，工程设计人员在画图、改图出方案的过程中经常会熬夜加班。AI 绘画能够极大地启发工程设计人员快速生成渲染图和方案图，从而提高设计效率并显著减少他们的工作量。本章主要介绍如何在室内装修与园林建筑中应用 AI 绘画辅助设计。

AI 绘画很有"创意"，但在实际设计中，最重要的是不能改变对象的基本结构。因此在防止 AI 自由发挥改变对象结构的同时，还要让 AI 实现有创意的设计，这显然是相互矛盾的。值得庆幸的是，SD-webUI 中的 ControlNet 提供了多种控制模型，如 Canny、Depth、MLSD（直线）、Lineart（线稿）等，可以满足设计要求。

6.1 室内装修设计

6.1.1 毛坯房设计

购买新房的业主往往会畅想如何将自己的毛坯房装修得别致而温馨。然而，作为非专业设计人员，他们一般不清楚怎样布局、选什么材质等，只能通过装修效果图进行参考，然后再提出要求。如果要从装修公司那里获得效果图，需要先购买其装修设计服务，但设计费却颇为昂贵。与其花钱让他人帮助自己设计装修方案，还不如自己使用 AI 绘画，快速、批量地绘制装修效果图。然后从中选择满意的装修效果图，再去找装修公司出施工图，这样不仅省时，而且也省去了一大笔设计费用。

当然，AI 辅助设计也适合室内装修设计师向用户快速展示效果图（可以在梳理客户需求时，利用 AI 绘画直接向客户展示其要求的效果并进行引导），从而减少沟通成本，提升工作效率。

下面以图 6-1 为例，展示使用 AI 绘画对毛坯房进行精装修设计的流程。

（1）选择底模，输入提示词。

打开 SD-webUI 的文生图，选择室内设计底模 xsarchitectural_v11（https://civitai.com/models/28112/xsarchitectural-interiordesign-forxslora），添加提示词 (masterpiece),(high quality),best quality,real,(realistic),super detailed,(full detail),(4k),8k,interior,

Livingroom, white。

图 6-1　毛坯房底图

（2）设置相关参数。

模 型 为 xsarchitectural_v11（https://civitai.com/models/28112/xsarchitectural-interiordesign-forxslora），采样方法为 DPM++SDE Karras，Steps 为 40，种子为 3472550581，其余参数保持默认不变。

（3）使用软边缘控制建筑结构。

打开 ControlNet 中的 ControlNet Unit0，勾选"启用"复选框，如图 6-2 所示，导入如图 6-1 所示的毛坯房底图并设置参数。其中，控制类型为 Softedge，预处理器为 softedge_pidine，模型为 control_v11p_sd15_softedge，控制权重为 0.85，其余参数保持默认不变。

图 6-2　Softedge 预处理效果

（4）生成批量图像并从中选择效果最好的一幅图像，如图 6-3 所示。

图 6-3　生成的图像

（5）使用 MLSD 模型控制建筑结构。

将选择好的图像重新上传到 ControlNet Unit1，控制类型选择 MLSD。然后设置参数，其中，控制类型为 MLSD，预处理器为 MLSD，模型为 control_vl1p_sd15_mlsd，控制权重为 0.85，其余参数保持默认不变，如图 6-4 所示。

图 6-4　MLSD 预处理

（6）批量生成图像并选择最优的图像，如图 6-5 所示。

图 6-5　效果图

在使用 AI 绘画进行装修设计时，需要注意以下 3 个要点：

☐ 要点 1：在上述毛坯房案例中，第（3）步与第（5）步都是为了固定毛坯房的结构。
　　但是经过第一次控制生成的图达不到在毛坯房中添加装饰物与家具的效果，所以必
　　须经过第二次控制生图。

☐ 要点 2：经过多次尝试发现，使用 ContorlNet 控制固定毛坯房的空间结构时会出现
　　图像元素变少的情况，因此引导介入时机与引导终止时机的选择非常重要。在第（3）
　　步与第（5）步中，如果引导介入时机大于 0.4 或者引导终止时机小于 0.6，则毛坯
　　房的结构会发生改变。

☐ 要点 3：在选择预处理器控制毛坯房的空间结构时，可以尝试使用 Canny、MLSD、
　　Lineart、Softedge 等多种预处理器，观察其效果，然后选择合适的预处理器。

6.1.2　室内装修：线稿与体块

线稿是建筑设计的基础。利用 AI 绘画，在建筑线稿基础上进行渲染，可以快速获
得建筑设计效果图。下面以客厅为例，展示如何通过 AI 绘画在线稿的基础上生成装修效
果图。

准备好客厅线稿图像，如图 6-6 所示。然后对线稿进行渲染设计，下面详细展示具体过程。

图 6-6　线稿例图

（1）添加模型、提示词。

打开 SD-webUI 的文生图，选择室内设计大模型 lwarchitecutralmix（https://civitai.com/models/109730/lwarchitecutralmix）。

添加提示词 A cyberpunk Resturant。

设置参数，其中，采样方法为 Euler a，Steps 为 40，其余参数保持默认不变。

（2）控制建筑结构。

打开 ControlNet 中的 ControlNet Unit0 并勾选"启用"复选框，随后进行参数设置。其中，控制类型为 Lineart，预处理器为 lineart_coarse，模型为 control_vllp_sd15_lineart [43d4be0d]，控制权重为 0.85，缩放模式为缩放后填充空白，其余参数保持默认不变。线稿预处理效果如图 6-7 所示。

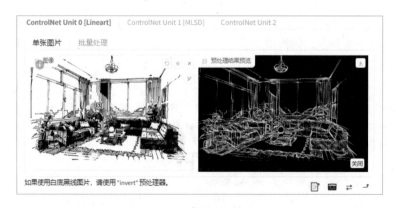

图 6-7　Lineart 预处理效果

（3）生成批量图像，然后选择效果最好的图像，如图 6-8 所示。

图 6-8 客厅线稿渲染效果

其他线稿渲染效果如图 6-9 所示。

图 6-9　其他线稿渲染效果

在环境艺术设计中，我们经常使用 Sketch Up 建立室内体块模型。利用体块模型控制建筑结构与利用线稿控制建筑结构的方法一致，都是基于 ControlNet 中的线条控制功能，这里不再赘述。图 6-10 展示了利用体块获得的渲染效果。

图 6-10　体块渲染效果

6.1.3　平面图的布局设计

利用建筑平面图进行布局设计是室内装修设计的重要环节。下面展示如何在平面图上进行布局效果展示。

建筑平面布局设计步骤与 6.1.2 节的室内装修的线稿设计步骤一致，只需更换底模和添加平面 LoRA 模型。在图 6-11 所示的平面布局设计图中，我们选择写实类的大模型 ChilloutMix（https://civitai.com/models/6424）作为底模，分别基于原图 A 和 B，使用平面 LoRA 模型（https://civitai.com/models/98137）获得效果图 A-1、A-2、A-3 及 B-1。继续基于原图 B，使用平面 LoRA 模型（https://www.liblib.ai/modelinfo/6ac61b57aba94977b82076c180d55f16）获得效果图 B-2 和 B-3。

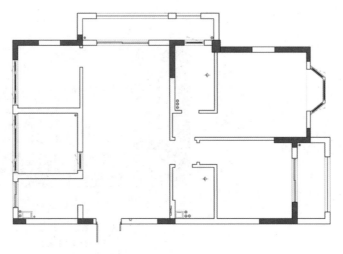

原图 A

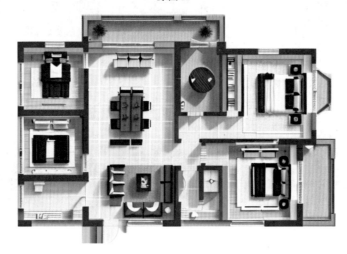

A-1

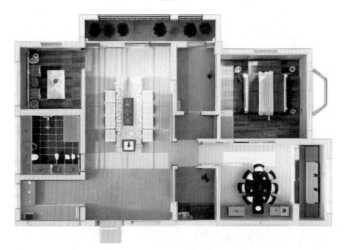

A-2

图 6-11　平面图布局设计效果

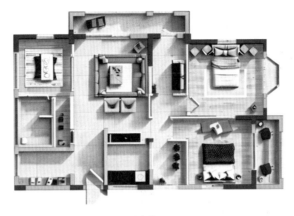

A-3

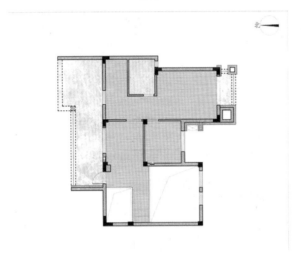

原图 B

B-1

图 6-11 平面图布局设计效果（续）

B-2

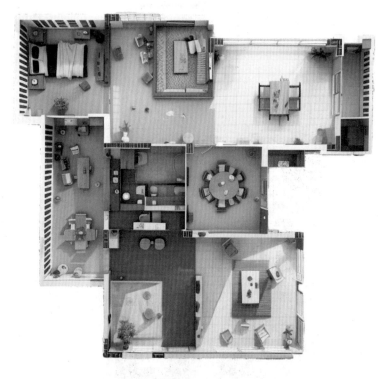

B-3

图 6-11　平面图布局设计效果（续）

6.2　园林建筑设计

6.2.1　旧房改造

逃离压力大的城市，回到家乡造别墅，成为很多年轻人"向往的生活"。一些网友发布的改造老家旧房子的视频，获得了大量的点赞和热评。网友们的旧房改造实践表明，只需要进行简单、低成本的改造，就可以将老屋变成精美别墅。然而，并非每个人都是建筑设计师，我们很可能因为没有改造方案和效果图而无从下手。使用 SD-webUI 可以轻松解决这个问题。

下面以图 6-12 所示的三层带院砖混结构的乡村旧房为例，通过 ControlNet 控制与局部重绘两种控图技巧，详细介绍如何进行旧房改造设计。

图 6-12　旧房改造例图（参考链接 https://www.sohu.com/a/351842940_120207549）

1．ControlNet 控制法

（1）打开 SD-webUI 的文生图，选择建筑设计类大模型 architecture_Exterior_SDlife_Chiasedamme（https://civitai.com/models/114612?modelVersionId=123908），添加提示词为 dvArchModern,white tile,white wall,rural flat roof houses,f1.8,photo realistic,orante,superdetailed,masterpiece,best quality,((ultra realistic))。

（2）设置参数。其中，采样方法为 DPM++2M SDE Karras，Steps 为 30，其余参数保持默认不变。

（3）打开 ControlNet 的 ControlNet 单元 0 与 ControlNet 单元 1，勾选"启用"复选框，如图 6-13 所示。然后分别设置参数如下：

- 在 ControlNet Unit0 中，控制类型为 Canny，预处理器为 Canny，模型为 control_vllp_sd15_canny [d14c016b]，控制权重为 0.5，引导介入时机为 0.15，引导终止时机为 0.8，缩放模式为裁剪后缩放，其余参数保持默认不变。
- 在 ControlNet Unit1 中，控制类型为 MLSD，预处理器为 MLSD，模型为 control_vllp_sd15_mlsd [aca30ffo]，缩放模式为裁剪后缩放，其余参数保持默认不变。

图 6-13　图像预处理

（4）单击"生成"按钮获得效果图，然后选择效果最好的图像，如图 6-14 所示。

图 6-14　旧房改造设计效果图 1

2. 局部重绘法

ControlNet 控制法会改变周围的环境，在图 6-14 中，房子周围的树木均有较大幅度的改变。局部重绘法可以只对需要改造的建筑进行蒙版重绘，不会改变周围的环境。

（1）打开 SD-webUI 的图生图的局部重绘，选择建筑设计类 SD 模型 architecture_Exterior_SDlife_Chiasedamme，添加提示词为 dvArchModern,white tile,white wall,low rise rural flat roof houses,f1.8,photo realistic,orante,superdetailed,masterpiece,best quality,(l ultra realistic)。

（2）上传准备好的拟改造建筑图像，蒙住房子区域，如图 6-15 所示。

图 6-15　蒙版示例

（3）设置参数。其中，Steps 为 40，提示词引导系数为 8，重绘幅度为 0.8，其余参数保持默认不变。

（4）打开 ControlNet 的 ControlNet Unit0 并勾选"启用"复选框，然后进行参数设置。其中，控制类型为 MLSD，模型为 control_vllp_sd15_mlsd [aca3offo]，控制权重为 0.8，其余参数保持默认不变。

（5）单击"生成"按钮获得效果图，然后选择效果最好的图像，如图 6-16 所示。

图 6-16　旧房改造设计效果图 2

6.2.2　草图与体块

　　建筑草图与体块设计是建筑设计的基础环节。在草图设计中，利用 AI 绘画给建筑草图上色，可以增加线稿的层次感和深度，快速渲染出建筑设计效果。在体块设计中，利用 AI 绘画可以将一个简单的体块渲染成高楼大厦，展示无限的设计创意。

　　草图和体块的设计步骤与 6.1.2 节室内装修的线稿设计步骤一致，只需要将大模型更换为 architectureExterior_v40Exterior.safetensors（https://civitai.com/models/114612/

architectureexteriorsdlifechiasedamme ），同时根据需要更改引导介入时机与引导终止时机。
基于建筑草图生成的效果图如图 6-17 所示，基于体块生成的效果图如图 6-18 所示。

图 6-17　草图及其效果图

图 6-18　体块及其效果图

6.2.3　园林设计：线稿

与建筑设计强调标准、尺寸、结构与功能不能改变不同，园林设计则相对较为灵活。在线稿中控制好园林的基本功能单元后，利用 AI 绘画可以快速地批量生成效果图，然后挑选满意的效果图进行简单的修改优化即可。

下面以图 6-19 为例，展示园林设计的线稿设计流程与效果。流程与前面室内设计中的线稿设计步骤基本一致，此处只需要将大模型更换为 Realistic_Vision_V2.0（https://civitai.com/models/4201/realistic-vision-v60-b1），并使用 LoRA 模型 Fair-faced concrete architecture（https://civitai.com/models/34597?modelVersionId=40882），同时根据需要更改引导介入时机与引导终止时机。

使用提示词：garden in residential area,large grassland, adults and children walking,people sit under umbrellas chatting,glasswindow,blue sky,high resolution,hyper quality,full details,modern architecture,outside,facade。

在 ControlNet 中进行参数设置，其中，控制类型为 Canny，预处理器为 Canny（硬边缘检测），引导介入时机为 0，引导终止时机为 1。

批量生成图像后选择效果最好的图像，如图 6-20 所示。

图 6-19　线稿例图（https://www.nipic.com/show/13758898.html）

图 6-20　园林设计之线稿设计效果图

第7章

品牌与视觉设计

随着人工智能的快速发展，AI绘画应用正逐渐渗透到商品设计的各个领域。无论盲盒、珠宝、室内家具、挂画与摆件，还是Logo与Icon的制作，AI以其高效和创新的特性为设计师提供了无限可能，成为推动商品设计行业革新的重要力量。

7.1　3D人偶设计

盲盒以3D人偶的可爱造型以及拆盒时的未知和期待令人"上瘾"，因此成为电商的热销品类之一。商家需要根据市场热点、销售数据和用户反馈，持续更新和改进3D人偶的形象设计，让买家保持期待感与新鲜感。然而，优秀的3D人偶设计难度较大，持续进行系列形象设计周期较长且设计成本高。使用SD-webUI，商家可以快速设计出大量的3D人偶产品，可极大地降低设计成本，不仅可以快速更新3D人偶产品，而且可以及时跟踪市场流行元素，维持买家的新鲜感。

使用AI绘画进行3D人偶设计，可以从创意启发、线稿渲染和三视图等方面进行辅助设计，从而大幅提高设计师的工作效率。

7.1.1　创意启发

使用3D类LoRA模型，利用提示词生成指定特征的人偶可以进行创意启发。在进行创意启发展示之前，首先需要梳理和熟悉相关的LoRA模型，方能针对设计目标选择合适的LoRA模型。3D类LoRA模型较多，有人偶、动物、产品等各种类型，还有玻璃、毛线、木材、玉石等各种材质，还有不同的球形关节、缝制等各种做工，下面进行分类总结。

笔者总结了通用的知名3D玩偶类LoRA模型如下：

❑ 大概是盲盒（https://civitai.com/models/25995/blindbox）；

❑ 芭比_Cute dolls（https://civitai.com/models/130400/cute-dolls）；

❑ Big Head 3D（https://civitai.com/models/263287/big-head-3d）；

❑ 卡通IP/可爱动物盲盒（https://civitai.com/models/290797/cute-toy-blind-boxcute-animal-blind-box-dollcartoon-ip-imagesip）；

❑ Niji-Designer_BlindBox（https://civitai.com/models/111927/niji-designerblindbox）;

❑ XL-Designer_BlindBox（https://civitai.com/models/127819/xl-designerblindbox）;

❑ BlindBox SDXL（https://civitai.com/models/133701/blindbox-sdxl）;

❑ BlindBoxV2（https://civitai.com/models/213516/blindboxv2）。

为了方便读者快速了解上述 LoRA 模型的使用效果，先给出其官方示例图，如图 7-1 所示。

图 7-1　3D 类 LoRA 模型效果图

同样，笔者总结了不同材质的 LoRA 模型，效果如图 7-2 所示。

❑ Felted Doll XL | 毛毡娃娃（https://civitai.com/models/155531/felted-doll-xl-or）;

❑ [SDXL]Wool felt doll 羊毛毡娃娃（https://civitai.com/models/143155/sdxlwool-felt-doll）;

❑ Woolen-doll [毛线娃娃]（https://civitai.com/models/93267/woolen-doll）;

❑ Clay doll style 黏土玩偶（https://civitai.com/models/51285/clay-doll-style-lora）。

下面是笔者总结的不同做工的 LoRA 模型，效果如图 7-3 所示。

❑ Sewing Doll（https://civitai.com/models/202260/sewing-doll）;

❑ PAseer 的人偶（PAseer's Dolls Figures and Puppets，https://civitai.com/models/57419/paseerpaseers-dolls-figures-and-puppets）;

❑ LUTS BJD（Ball jointed Doll）style（with replaceable eyeballs，https://civitai.com/models/64084/luts-bjd-ball-jointed-doll-style-with-replaceable-eyeballs）。

Felted Doll XL | 毛毡娃娃   [SDXL]Wool felt doll 羊毛毡娃娃

Woolen-doll[毛线娃娃]   Clay doll style 黏土玩偶

图 7-2　不同材质的 LoRA 模型效果

　　了解 3D 人偶的 LoRA 模型及其特点是进行创意设计的基础。假定长期合作的甲方突然提出十二生肖系列女孩人偶盲盒的设计需求，设计师需要根据自己平时积累的 LoRA 模型资料快速判断该需求是否具有可行性。值得庆幸的是，在国内的 Liblib 上刚好有一款十二生肖系列的 3D LoRA 模型。

　　下面以生成十二生肖形象的 3D 女孩人偶为例展示设计过程。在文生图中，使用十二生肖 LoRA 模型（https://www.liblib.ai/modelinfo/672694e1997948f496baaa50f0423d82），然后选择模型、输入提示词并设置参数。

❑ 选择模型为 ReV Animated（https://civitai.com/models/7371/rev-animated），外挂 VAE 为 Automatic，Clip 终止层数为 2。

❑ 输入提示词：1girl,sheep element, solo, black background,full body, looking at viewer, gradient background, <lora:IP_Q 版 _3D 十二生肖 _v1:0.8>。可根据需要添加负面提示词。

❑ 设置参数。其中，采样方法为 DPM++ SDE Karras，Steps 为 20，种子为 −1，图像分辨率为 512×768，其他参数默认不变。

Sewing Doll　　　　　PAseer的人偶　　　　LUTS BJD (Ball jointed Doll) style

图 7-3　不同做工的 LoRA 模型效果

使用上述模型和参数分别生成羊、老虎和牛的 3D 女孩人偶形象，如图 7-4 所示。

图 7-4　3D 人偶效果

7.1.2　线稿与三视图

1. 基于线稿生成人偶

为了定制人偶，设计师一般会先提供线稿底图。在与客户沟通过程中，通常会基于线稿底图进行修改。假设以图 7-5 所示的女孩玩偶线稿底图为例，经过与客户讨论后微调该线稿，获得降低人偶制作难度和制作成本的结果图。

底图　　　　　　　　　　　　结果图

图 7-5　线稿处理效果

下面以图 7-5 所示的线稿结果图为例，展示 3D 人偶的生成过程。在文生图中，使用 BlindBox LoRA（https://civitai.com/models/25995/blindbox），随后选择模型，输入提示词，设置参数并开启 ControlNet 进行线稿控制。

- 选择模型：ReV Animated（https://civitai.com/models/7371/rev-animated），外挂 VAE 为 Automatic，Clip 终止层数为 2。
- 输入提示词：<lora:blindbox_v1_mix:1>,(masterpiece),(bestquality),(ultra-detailed),1girl,chibi,cute,simple background,blindbox,。可根据需要添加负面提示词。
- 设置参数。其中，采样方法为 DPM++ SDE Karras，Steps 为 20，种子为 –1，修改适宜的图像分辨率，以 512×768 为例，其他参数默认不变。
- 启用 ControlNet，将图 7-5 中的线稿结果图上传至 ControlNet，控制类型为 Lineart，预处理器为 lineart_standard (from white bg& black line)，模型为 control_v11p_sd15_lineart，其他参数默认即可。

使用上述设置，批量生成 3D 人偶形象并选择最优的，效果图如图 7-6 所示。

2. 生成人偶三视图

生成人偶三视图的关键是保持角色各元素的一致性，结合笔者的经验，可以参考下面的步骤制作人偶三视图。

（1）登录 Wonder 3D 在线平台（https://huggingface.co/spaces/flamehaze1115/Wonder3D-demo），上传图 7-5 中的线稿结果图作为底图，从而生成线稿的多视角图像如图 7-7 所示。

图 7-6 批量生成的效果

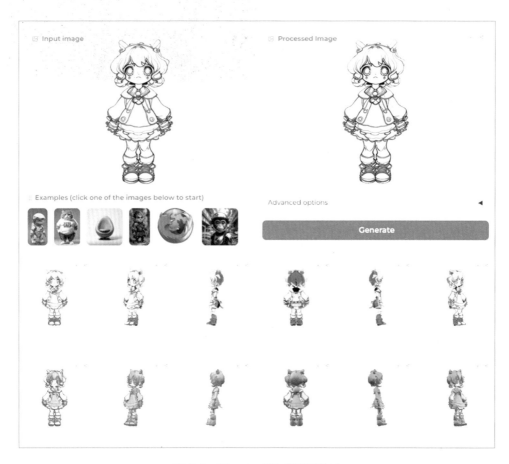

图 7-7 Wonder 3D 多视角效果

通过 Zero123++（https://huggingface.co/spaces/sudo-ai/zero123plus-demo-space）、LGM
（https://huggingface.co/spaces/ashawkey/LGM）等 3D 生成程序，也可以在线生成与 Wonder

3D 类似的多视角图像。

（2）将图 7-7 中满意的多视角图像提取出来并整合为一张图像上传至 ControlNet。然后使用 Lineart 进行线稿控制，ControlNet 参数设置及预处理结果图如图 7-8 所示。

（3）使用提示词：(masterpiece),(bestquality),(ultra-detailed),1girl,chibi,cute,simple background, short hair,boots,dress,front view,left view,back view,three views 及常见的负面提示词，单击"生成"按钮，生成的人偶三视图效果如图 7-9 所示。

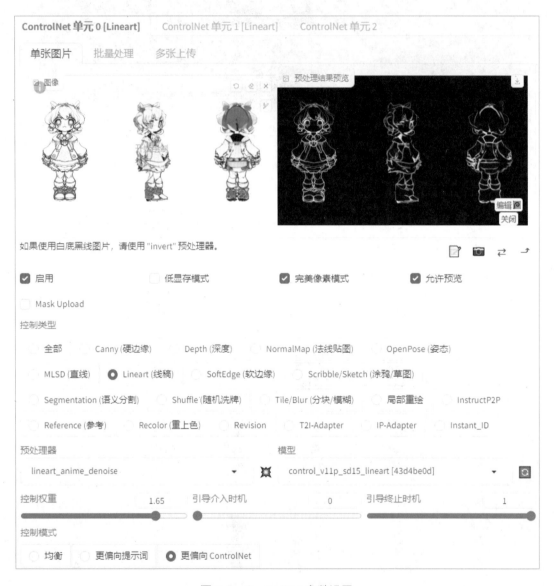

图 7-8　ControlNet 参数设置

也可以使用"真 -IP"设计 LoRA 模型（https://www.liblib.ai/modelinfo/7fcc11976a344b de9d657f15d76b9a61），直接生成 3D 三视图效果，如图 7-10 所示。使用 LoRA 模型生成 3D 的结果较为随机，不如基于 3D 生成程序获得的效果准确。

图 7-9　人偶三视图效果

图 7-10　3D 三视图效果

7.2 珠宝设计

每个人都希望自己佩戴的珠宝能够与众不同。然而，珠宝设计需要灵感与创意，设计复杂且成本较高。使用 AI 绘画生成个性化珠宝效果图，可以启发设计师的灵感，提升设计效率，降低设计成本。

下面通过使用提示词启发创意，使用 LoRA 模型定制风格，使用 ControlNet 控制线稿等方式，展示如何进行珠宝设计。

1. 使用提示词启发创意

很多主题博物馆会提供一些融合馆藏特色元素的纪念商品。馆藏商品通常富含文化、艺术和时代特征，因此其设计极具挑战性。

下面以为恐龙主题博物馆设计恐龙项链饰品为例，展示设计程程。

使用提示词：Exquisite necklace design, Tyrannosaurus Rex, crystal clear glass material, made of metal and jade, turquoise, fashionable luxury, Rococo style, Baroque style, Eastern Dunhuang background, octane rendering, high-definition level details，在 Dall-E3 或者 Midjourney 中生成恐龙元素项链，效果如图 7-11 所示。

图 7-11 恐龙项链设计图

从图 7-11 的生成效果可见，AI 绘画能够根据提示词指令快速生成独特、精美的饰品，为设计师提供灵感，从而设计出精美的饰品。

2. 使用 LoRA 模型

珠宝首饰作为最容易受 AI 创意启发的商品之一，拥有大量 AI 绘画爱好者分享的优秀 LoRA 模型，推荐以下使用较多且广受好评的 LoRA 模型。

❑ 梦之戒（生成戒指，https://www.liblib.art/modelinfo/4c52a279e21b4fd4bf766d46e2677081）；

❑ jewelry 饰品_LoRA 模型（https://www.liblib.art/modelinfo/e5b3b27d45ca4bf3a32521 c5e947dca4）；

❑ 好机友珠宝（https://www.liblib.art/modelinfo/9f0a0d7957c64d7a8cd2660cc8afff0a）；

❑ earrings lora - 耳饰（https://civitai.com/models/125360/earrings-lora）;

❑ 印章戒指（https://www.liblib.art/modelinfo/c8c950dd3b43479f9a36ea571f5d36be）。

为方便读者快速了解上述 LoRA 模型的使用效果，给出其官方示例图，如图 7-12 所示。

梦之戒（生成戒指）　　　　jewelry饰品_LoRA　　　　好机友珠宝

earrings lora - 耳饰　　　　印章戒指

图 7-12　LoRA 模型效果展示

下面以生成蝴蝶形状的耳坠为例展示使用 LoRA 模型的效果。在文生图中，使用耳环微调模型 earrings-lora（https://civitai.com/models/125360/earrings-lora），随后选择模型、输入提示词并设置参数。

❑ 选择模型为 ChilloutMix（https://www.liblib.ai/modelinfo/7d0b141e400acb9c12289114a09669fd），外挂 VAE 为 Automatic，Clip 终止层数为 2。

❑ 输入提示词：ding,green diamond stud earrings,butterfly shaped stud earrings,butterfly, silk background,gold trimmed stud earrings,green gemstone,<lora:ershiv2:0.7>。可根据需要添加负面提示词。

❑ 设置参数。其中，采样方法为 DPM++ SDE Karras，Steps 为 20，种子为 –1，图像分辨率为 512×512，其他参数默认不变。

使用上述模型和参数生成批量图像，然后选出满意的 3 张不同颜色的精美蝴蝶耳坠效果图，如图 7-13 所示。

继续使用 earrings-lora 模型，采用与上面同样的步骤可以设计出花朵、珍珠、心形等不同形状的个性化耳坠，如图 7-14 所示。

图 7-13　蝴蝶耳坠效果图

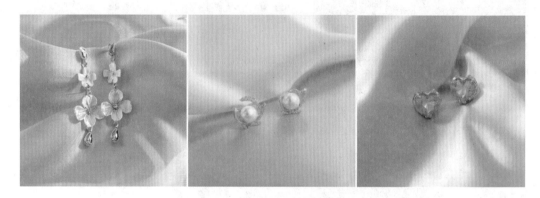

图 7-14　其他形状的耳坠效果图

　　戒指是常见的珠宝首饰品，在定情、订婚、结婚等重要仪式与场合中都会使用，很多恋人会定制象征爱情的独一无二的个性化戒指。假设我们想定制一枚镶嵌宝石、银质、卷曲带花纹的婚戒，可以使用"好机友珠宝"LoRA 模型（https://www.liblib.ai/modelinfo/9f0a0d7957c64d7a8cd2660cc8afff0a），使用提示词：Jewelry diamond, ultra-high definition, 8K, shiny jade, (twisted body: 1.2), jadeite gemstone, red gemstone, women's ring, carved flower pattern, slender, small skeleton structure, material is silver,<lora: HJYZB-000013.0.8 > 批量生成戒指效果图，然后从中选择满意的 3 张效果图，如图 7-15 所示。

图 7-15　戒指效果图

3. ControlNet 控制线稿

有些人在出席重要活动时喜欢佩戴胸针以示尊重，我们可以使用 AI 绘画设计出风格独特的专属胸针。使用 SD-WebUI 设计专属胸针的方法如下：

（1）准备好一张胸针线稿底图，如图 7-16 左上角所示。

（2）选填模型，设置提示词与参数。

□ 选择模型为 realisticVisionV60B1_v60B1VAE（https://civitai.com/models/4201?model VersionId=130072），外挂 VAE 为 Automatic，Clip 终止层数为 2。

□ 输入提示词：Delicate brooch,grey background,soft light,pearl,crushed diamond, emerald,可根据需要添加负面提示词。

□ 设置参数。其中，采样方法为 DPM++ SDE Karras，Steps 为 20，种子为 –1，图像分辨率为 512×512，开启 ControlNet，控制类型为 Lineart，预处理器为 invert，模型为 control_v11p_sd15_lineart，控制模式为更偏向 ControlNet，其他参数默认不变。

基于图 7-16 左上角的黑白线稿底图，尝试不同的提示词，批量生成效果图并从中选择出满意的 3 张彩色胸针效果图，如图 7-16 所示。

图 7-16　胸针草图及其效果图

7.3 室内家具设计

家具是室内家居中的重要功能组件。根据 Statista 数据显示，2022 年全球家具市场交易额高达 6943.2 亿美元。同时深耕国际、国内市场的中国企业，正面临家具市场供应过剩、低价竞争为主的内卷现象。另外，新时代的家具消费者在关注家具的基本使用功能的同时，更加注重家具的设计美感。AI 绘画辅助家具设计，可以帮助家具企业实现家具产品的特性定制与快速更新，不仅提升了产品竞争力，而且降低了设计成本。

一般使用提示词启发创意，使用 LoRA 模型定制风格，使用 ControlNet 控制线稿或图生图等方式，采用 AI 绘画设计室内家具。由于在 7.1 与 7.2 节中已经多次展示了这些生成方式，后面不再赘述。下面仅介绍常用的家具类 LoRA 模型供读者参考。

- ❑ Artek-style furniture（https://civitai.com/models/34670/artek-style-furniture）；
- ❑ classical European style bedroom（https://civitai.com/models/86672/classical-european-style-bedroom）；
- ❑ 黑格家具产品之毛毛虫椅（https://www.liblib.art/modelinfo/7c72916bc6824c47bb245ff3fe8ded4a）；
- ❑ 禅意藤编灯罩（https://www.liblib.art/modelinfo/4b5d5e521c044637800726b7079dc5a1）；
- ❑ New Chinese_ 新中式 _ 茶室 _ 会所（https://www.liblib.art/modelinfo/c6f021e455aa445490bb16fccdf48111）；
- ❑ 产品设计—简约风格（https://www.liblib.art/modelinfo/61c603ca21004bc5ac1c6dc6dfc80f66）。

为方便读者快速了解上述 LoRA 模型的使用效果，将其官方示例图进行陈列，如图 7-17 所示。

同样，笔者总结了特定材质的 LoRA 模型，效果如图 7-18 所示。

- ❑ 透明、充气膨胀效果（https://www.liblib.art/modelinfo/8c9a5e3cc5854cbda91ee338095bb34f）；
- ❑ 玻璃（https://www.liblib.art/modelinfo/90799a485c3d4ed597bba7668878e008）；
- ❑ 红木圈椅（https://www.liblib.art/modelinfo/cd89fec9dd2d4486b72b5aa73be5feb6）。

下面展示采用多种生成方式和不同风格 LoRA 模型获得的灯具、桌子、沙发与椅子等家具的设计过程。

1. 灯具—形象定制

如果想设计一盏可爱的兔子形象的落地照明灯，可以在 Midjourney 中输入提示词：cute white rabbit holding a heart light,in the style of minimalistic canine sculptures,giant money sculptures,daz3d,sopheap pich, --ar 3:4，反复生成设计图并从中选择满意的效果图，如图 7-19 左图所示。

　　如果想查看兔子灯的摆放效果，可将图 7-19 左图导入 PS 2024，使用矩形选框工具，反选选择区域，使用创成式填充功能，以卧室、床、温馨为提示词，获得图 7-19 右图所示的摆放效果。

Artek-style furniture　　　　classical European style bedroom　　　　黑格家具之毛毛虫椅

新中式_茶室_会所　　　　　禅意藤编灯罩　　　　　产品设计—简约风格

图 7-17　家具 LoRA 模型效果展示

透明、充气膨胀效果　　　　　玻璃　　　　　红木圈椅

图 7-18　材质类 LoRA 模型效果展示

图 7-19　落地灯效果图

2. 桌子—材质定制

如果我们想为即将装修的客厅设计一张圆桌，并希望采用大理石材质，除了添加描述桌子的提示词外，可选择大理石相关的 LoRA（https://civitai.com/models/70538/marble-make-everything-into-marble）进行材料定制。图 7-20 展示的是大理石圆桌的设计效果及其在客厅的摆放效果，可以发现，材质类 LoRA 模型可以很好地指定设计对象的构成材料。

图 7-20　大理石桌子效果图

3. 沙发与椅子—新奇创意

在儿童乐园或者童话王国等主题乐园项目设计工作中，需要有创意地设计家具。例如，以蔬果为主题设计沙发和椅子，利用 AI 绘画可以很容易地实现。将图 7-21（a）所示的青椒图导入图生图中，使用提示词：sofa,front view,bell pepper sofa, throne，采用透明效果 LoRA 模型（https://civitai.com/models/238939/transparent-material-fruit-chair），重绘幅度设为 0.7，图像生成后可获得透明的青椒形状的椅子图像，如图 7-21（b）所示。使用相同的方法，可以生成透明的梨子形状椅子和香蕉形状的沙发，如图 7-21（e）和图 7-21（f）所示。

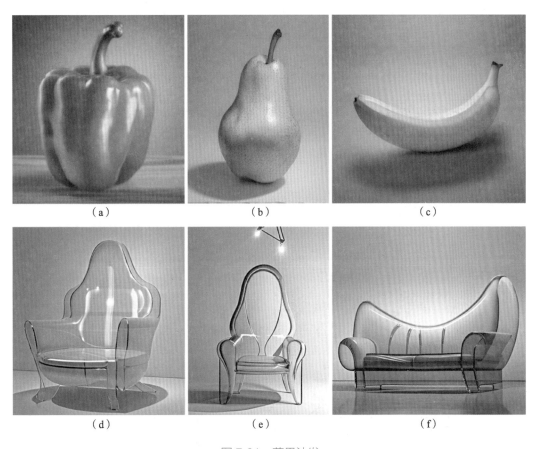

（a）　　　　　　　　　　（b）　　　　　　　　　　（c）

（d）　　　　　　　　　　（e）　　　　　　　　　　（f）

图 7-21　蔬果沙发

7.4　挂画与摆件设计

设计师利用 AI 绘画的高度可控性和创造性，能够创作出独具匠心的挂画与摆件，可为家居空间增添一抹独特的艺术气息。

7.4.1 挂画设计

通常,在进行家居布置时,我们喜欢在客厅或卧室的墙壁上装饰挂画。中国人偏爱书法、水墨画和风景油画,下面梳理相关的 LoRA 模型,进行分类总结。

中国风的风景画 LoRA 模型较多,下面列出一些颇受好评的 LoRA 模型,对应效果图如图 7-22 所示。

- ❏ 墨心(https://civitai.com/models/12597/moxin);
- ❏ 中国彩墨(https://civitai.com/models/36163/chinese-ink-painting);
- ❏ 写意水墨画(https://www.liblib.ai/modelinfo/e7a0d39fe2bb4d4d86c64760604cd368);
- ❏ 水墨画 2(https://www.liblib.art/modelinfo/39352bc884a14ab99032b862c15d226a);
- ❏ 国风水墨画(https://www.liblib.art/modelinfo/070048fac9a14e5a83d91fd0aa3d8546);
- ❏ PAseer-SDXL(https://civitai.com/models/118217/paseer-sdxl-ink-stains-the-world);
- ❏ 2D 山水水墨(https://www.liblib.art/modelinfo/e9cf7a3c6fa1431391372a13ebdc2703);
- ❏ 水墨风景画 -XL(https://www.liblib.art/modelinfo/7675f0bafd22477fac773c0adb7cd 03d)。

墨心　　　　　中国彩墨　　　　　写意水墨画　　　　　水墨画2

国风水墨画　　　　　PAseer-SDXL　　　　　2D山水水墨　　　　　水墨风景画-XL

图 7-22　水墨画类 LoRA 模型

同样的,笔者整理了通用的知名油画 LoRA 模型,对应效果图如图 7-23 所示。

- ❏ Oil Painting（https://civitai.com/models/84542/oil-paintingoil-brush-stroke）;
- ❏ SHMILY 油画风（https://www.liblib.art/modelinfo/6749257ba755453c8bc168e31e82de91）;
- ❏ ClassipeintXL（https://civitai.com/models/127139/classipeintxl-oil-paint-oil-painting-style）;
- ❏ Oil Painting style LoRA（https://civitai.com/models/7801/oil-painting-style-lora）;
- ❏ 油画人像（https://civitai.com/models/59146/locon-oil-painting-water-lily）;
- ❏ Oil Painting Feel（https://civitai.com/models/144169/oil-painting-feel）;
- ❏ 油画模型（https://www.liblib.art/modelinfo/efaa6243f1a14750a174a318b4449b79）;
- ❏ 莫奈印象派 loRA 油画（https://www.liblib.art/modelinfo/e3caad920a68493891d05c304ac15dc3）;
- ❏ 油画印象派（https://www.liblib.art/modelinfo/85ff98d6f17b4ee29128216f54051efb）。

| Oil Painting | SHMILY油画风 | ClassipeintXL | Oil Painting style LoRA |

油画人像　　Oil Painting Feel　　油画模型　　莫奈印象派loRA油画　　油画印象派

图 7-23　油画 LoRA 模型

1．风景和人物挂画

下面以动漫风格的风景画和人物画为例，演示挂画的生成方法。

将图 7-24 导入 PS 2024，使用矩形选框工具反选选择区域，使用创成式填充功能以客厅、沙发、茶几为例，将挂画展示在客厅中，如图 7-25 所示。

2．书法挂画

1）通过平台直接生成

使用 Anytext 等 AI 文字生成平台可以帮助用户制作文字挂画。Anytext（https://github.com/tyxsspa/AnyText）可生成中文书法文本，可以在线试用（https://huggingface.co/

spaces/modelscope/AnyText）。在 Prompt 文本框中输入提示词：阳台上的画框写着"宁"，黑色书法，使用 Text Editing 对特定位置进行蒙版，如图 7-26 所示。单击"Run（运行）"按钮，生成效果如图 7-27 所示。

图 7-24　生成挂画素材

图 7-25　在客厅展示挂画

图 7-26　在 Anytext 平台上写"宁"字

底图　　　　　　　　　　宁　　　　　　　　　　静

图 7-27　Anytext 生成效果

2）使用 LoRA 模型

我们可以对喜欢的书法作品进行重绘，生成书法挂画素材，具体步骤如下：

（1）在图生图中，选择 LoRA 模型（https://civitai.com/models/106403），上传书法底图。

（2）设置参数。其中，提示词为 <lora:Calligraphy 墨宝 :1>，重绘幅度为 0.4，种子为 –1。

（3）启用 ControlNet，上传底图，控制类型选择 Lineart，其他参数保持默认不变。

单击"生成"按钮，批量生成效果图，然后选择满意的效果图如图 7-28 所示。在客厅中展示其装裱后的效果，如图 7-29 所示。

图 7-28　使用 LoRA 模型生成书法字体

图 7-29　效果展示

7.4.2　摆件设计

家居摆件可以装点家居空间，提升家居品味。在进行家居布置时，人们经常会在桌子上、柜子上等地方摆放一些艺术品摆件。

摆件相关的 LoRA 模型较多，可以按形象、工艺和材质进行分类，这里不再细分，仅推荐较受欢迎的相关 LoRA 模型，效果如图 7-30 所示。

❑ Glass Sculptures（https://civitai.com/models/11203/glass-sculptures）；

❑ 木雕文玩（https://civitai.com/models/23789/woodjade-statue-style）；

❑ 玉雕风格（https://www.liblib.art/modelinfo/446095e478ac4cc4a887ce4be213aa40）；

❑ 琉璃少女（https://www.liblib.art/modelinfo/ff1abb7d52e54985ab0aa90eeb2b98ab）；

❑ 雕像（https://www.liblib.art/modelinfo/861ca30532bf4e45ad8a140f336e3f62）；

- ❏ 透明机械体（https://www.liblib.art/modelinfo/165c15093a2f4c289f00dd578ec5113a）；
- ❏ 水晶球（https://civitai.com/models/196415/crystal-ballchristmas-crystal-ballcrystal-ball-gift）；
- ❏ 环氧树脂雕塑（https://www.liblib.art/modelinfo/989a03599f51449aa589cbd4dbc50cf9）；
- ❏ 菩萨手办（https://www.liblib.art/modelinfo/6316ad6f2e8a4dd7bc8fa749e2c6f610）；
- ❏ 手工花瓶（https://www.liblib.ai/modelinfo/9a962105cd29433b8f63d81322f2b9bc）。

图 7-30　摆件相关的 LoRA 模型

下面以玉雕、琉璃与雕像 3 个不同的 LoRA 模型为例，生成招财猫玄关装饰摆件。使用提示词：Indoor decoration, cat style home decoration,the cat is holding this pink tray, the tray is made of a flower shape, the cat's expression is cute,the cat is made of ceramic，分别使用上述 3 个 LoRA 模型生成的效果如图 7-31 所示。

图 7-31　玄关摆件效果

7.5 潮鞋设计

追逐时尚与个性的"Z 时代"年轻人喜欢搭配独特的鞋子来满足个性化的需求。为了设计出一双满意的潮鞋，设计师需要发现并积累灵感，构思鞋子细节，创作并筛选效果图。如今，这个烦琐、高成本的设计方式被 AI 绘画所颠覆。

使用 SD-webUI 输入灵感提示词，然后对鞋子的线稿图进行渲染，从而批量生成效果图，设计师可以根据效果图快速验证设计的可行性。

7.5.1 私人定制

假设某位客户对鞋子的设计提出的要求是配色鲜艳的高帮运动鞋。根据这个要求，设计师可以先在 SD-WebUI 中生成鞋子的线稿底图。

使用 majicMixRealistic 作为底模，选择线稿风格的 LoRA 模型（https://civitai.com/models/16014），输入提示词：High-top shoes,a pair of shoes,two shoes,<lora:AnimeLineart_v10:0.5>,a line drawing, lineart,linework，按常规设置分辨率等参数可以批量生成多幅线稿底图。

经过更改优化提示词、细节局部重绘等多次迭代后，设计师可提供多种样式供客户挑选。

在 Midjourney 中分别使用图 7-32 中的 6 种线稿图作为底图，输入提示词：a pair of shoes,two shoes,Sporty style,Booth background --ar 32:25 --s 750 --v 6.0 --style raw，经过图生图后，获得如图 7-33 所示的效果图。

图 7-32　高帮鞋线稿底图

图 7-33　潮鞋效果图

客户选择图 7-33（a）所示的效果图，并希望将鞋面的气孔去掉，采用纱网材质。同时，客户偏爱红色系，坚持增加 AIGC 字母 Logo。潮鞋设计师根据客户要求，在图生图的局部重绘中进行修改，并根据修改效果与客户反复沟通确定细节，获得最终的线稿设计图如图 7-34 所示。

线稿底图　　　　　　　　修改图1（去掉气孔）　　　　　　修改图2（增加Logo）

图 7-34　高帮鞋线稿底图和修改图

获得最终的线稿设计图后需要进行渲染。在 SD-WebUI 中进行如下设置。

❑ 参数设置：模型为 majicMIX realistic，提示词为 text"AIGC",wings,Wing decoration, wing logo,burgundy red,in the style of huangguangjian,light brown and beige,a pair of shoes,two shoes,Sporty style,outdoor,sports style,Mesh material,ventilate,Light,Shadow,(white shoelaces:1.3),Cement floor,graffiti background，可以填写常见的负面提示词。

❑ Controlnet 设置：开启 Lineart，选择预处理器为 invert (from white bg& black line)，控制权重为 1.4，控制模式为更偏向 ControlNet，可以适当修改其他参数。

通过线稿控制给最终线稿设计图上色，适当开启高分辨率修复和 Refiner，最终确定的效果如图 7-35 所示。客户可基于此效果图选择定制样本。

图 7-35　效果展示

7.5.2　制作爆款

在潮鞋市场，通过参考销量靠前的热门款式，跟随最新的设计元素，可以大大提高潮鞋设计师的对市场的识别和把控能力。

1. 全面学习

仔细研究爆款图片，总结样式特征与流行元素后，在 SD-webUI 中使用 IP-adapter 参考爆款底图并结合提炼的流行元素特征词，可进行创新。

❏ 基础大模型选择 majicmixRealistic，Steps 为 20，根据需要可以修改其他参数。

❏ 提示词为 simple background,masterpiece,best quality,cream heeled pumps with knot detail and pearls,ornate details,in the style of delicate and intricate details,dazzling chiaroscuro,precisionist lines,32k uhd,subtle hues。

❏ 在 ControlNet 中选择 IP-adapter 控制器，使用图 7-36 所示的爆款高跟鞋作为底图，设置控制权重为 0.4。

图 7-36　爆款高跟鞋底图

完成上述设置后，单击"生成"按钮批量生成图像，选择其中满意的样式进行展示，效果如图 7-37 所示。

2. 参考样式

利用爆款鞋原图生成线稿图或者手绘其线稿，然后使用私人定制中同样的线稿控制方式将其上色，可以快速设计出爆款鞋的样式，如图 7-38 所示。

图 7-37　效果图

线稿底图　　　　　　　效果图1　　　　　　　效果图2

图 7-38　乐福鞋与拖鞋效果图

7.6　Logo 与 Icon 设计

　　Logo 是企业、组织等为了推广或便于用户识别而设计的一种标志，如奥运会的 Logo、华为品牌的 Logo、各大高校的 Logo、志愿者协会的 Logo 等。好的 Logo 可以展现机构或组织的文化、品牌与形象，具有独特的识别和推广作用。Logo 具有多种设计载体，有文字 Logo 和、图形 Logo 和图像 Logo 等。

　　在 App 或者网页 UI 设计中，Icon 对于信息传播和视觉效果表达有重要的意义。好的 Icon 不仅能使 UI 更加美观，同时能让用户见图知意，快速理解功能模块。

　　在日常生活中人们经常会碰到 Logo 和 Icon 设计的需求。例如，为自己的微信公众号设计一个专属 Logo 或者为微信小程序设计一个专属 Icon。大部分情况下人们会在相关平台上选择一家广告公司，然后购买其设计服务来满足需求。如图 7-39 展示了当前 Logo 设计的市场价格。

图 7-39　Logo 设计价格

Logo 与 Icon 设计需要创意与灵感，而这刚好是 AI 绘画的优势。

7.6.1　基于在线平台生成 Logo

利用在线平台生成 Logo 快捷而方便。在腾讯 AIDesign（https://ailogo.qq.com/guide/brandname）平台上输入 Logo 名称"可学 AI"，然后选择科技分类和颜色系，可以快速地批量生成 Logo 供设计师或用户参考，如图 7-40 所示。

图 7-40　利用 AIDesign 生成"可学 AI"的 Logo

与腾讯 AIDesign 一样，美图秀秀（https://www.x-design.com/logo-design/）也可以快速地批量生成各类 Logo。继续以"可学 AI"为例，以机器人为提示词，生成效果如图 7-41 所示。

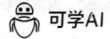

图 7-41　美图秀秀的生成效果

7.6.2　基于 Logo 类的 LoRA 模型生成 Logo

使用 Logo 类的相关 LoRA 模型，可以设计出更多样式的个性化 Logo。下面是笔者总结的常用的 Logo 类 LoRA 模型供读者参考。

❑ Logo.Redmond（https://civitai.com/models/124609/logoredmond-logo-lora-for-sd-xl-10）；

❑ 极简 Logo（https://www.liblib.ai/modelinfo/8db352bf5f6b4190841de341cb9eaa0c）；

❑ Some Logo（https://civitai.com/models/101251/logo-some-logo）；

❑ Logo||Design（https://civitai.com/models/241153/logoorordesign）；

❑ 浮雕画风（https://www.liblib.ai/modelinfo/18aafb06b3ce4aa8933316c9035d9d44）；

❑ 复古 Logo（https://www.liblib.ai/modelinfo/4c3df415087b46428e9e7f6c8370b5cc）；

❑ 绘画风 Logo（https://www.liblib.ai/modelinfo/bb311d615c7c40b5ba2ae110c926454c）；

❑ 徽章 Logo（https://www.liblib.ai/modelinfo/58ad73c86b124bf18592447eafa904fb）。

为了方便读者快速了解上述不同 LoRA 模型的使用效果，下面是它们的官方示例图，如图 7-42 所示。

Logo.Redmond	极简Logo	Some Logo	Logo‖Design
浮雕画风	复古Logo	绘画风Logo	徽章Logo

图 7-42　Logo 效果图

除了上面的几种 Logo 类 LoRA 模型外，下面再展示 3 个特别的 LoRA 模型，分别是
Anylogo、niji-kawayi、Logoarchive。

❑ Anylogo（https://civitai.com/models/57452）能够生成各种类型的 Logo，以提示词
  Robot logo,<lora:logo_v1-000012:1> 为例，生成效果如图 7-43 所示。

图 7-43　Anylogo 生成效果

❑ Niji-kawayi（https://civitai.com/models/104712）能够生成各种粉色系、可爱风的
  Logo，以提示词 Robot logo,<lora:niji-kawayi:1> 为例，生成效果如图 7-44 所示。

❑ Logoarchive（https://civitai.com/models/34739）能够生成多种黑白风格、简洁大
  方的 Logo，以提示词 Robot logo,<lora:logoarchive:1> 为例，生成效果如图 7-45
  所示。

图 7-44　可爱风的卡通 Logo

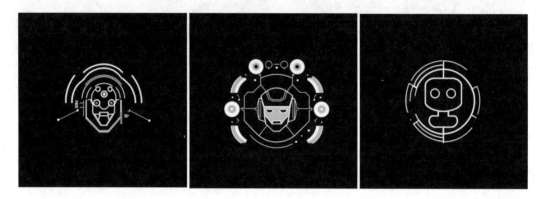

图 7-45　黑白创意 Logo

7.6.3　基于 Icon 类的 LoRA 模型生成 Icon

游戏公司需要设计个性化的游戏道具，提升用户的体验。使用相关的 LoRA 模型，可以快速地批量设计富有创意的 Icon。

下面是常用的游戏 Icon 类 LoRA 模型。

❑ Game icon research_book_Lora（https://civitai.com/models/69882/game-icon-researchbooklora）；

❑ Game icon（https://civitai.com/models/141066/game-icon）；

❑ Game icon research_bottle_Lora（https://civitai.com/models/68975/game-icon-researchbottlelora）；

❑ icon01（https://civitai.com/models/43622/icon01）；

❑ Game icon institute_Qjianzhu_1（https://civitai.com/models/129237/game-icon-instituteqjianzhu1）；

❑ Game icon institute_yanjiusuopingzi_v3-000020（https://civitai.com/models/123767/game-icon-instituteyanjiusuopingziv3-000020）；

❑ Game icon institute_2D（https://civitai.com/models/159412/game-icon-institute2d）；

❑ Game Icon（https://civitai.com/models/249691/game-icon-institutev20safetensors）；

❑ GameIconResearch_gem_Lora（https://www.liblib.art/modelinfo/f3cebc1e515b413f61d0486556def69c）。

为了方便读者快速了解上述不同 LoRA 模型的使用效果，给出其官方示例图，如图 7-46 所示。

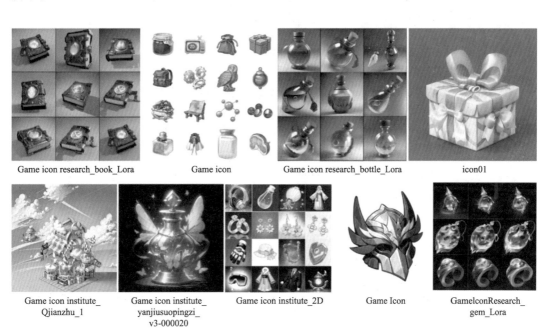

Game icon research_book_Lora　　　　Game icon　　　Game icon research_bottle_Lora　　　　icon01

Game icon institute_　　Game icon institute_　　Game icon institute_2D　　　Game Icon　　GameIconResearch_
Qjianzhu_1　　　yanjiusuopingzi_　　　　　　　　　　　　　　　　　　　　　　gem_Lora
　　　　　　　　v3-000020

图 7-46　游戏 Icon

下面是常用的风格 Icon 类 LoRA 模型，效果如图 7-47 所示。

❑ Minimalist Icons（https://civitai.com/models/49021/minimalist-icons）；

❑ Glowing Icons（https://civitai.com/models/64792/glowing-icons）；

❑ ICON 尝新 test（https://www.liblib.art/modelinfo/0541f09d81924ddc8baadbe0f23c6c30）；

❑ Niji-3d Icon（https://www.liblib.art/modelinfo/1d3066fca5124569b2e077088188d9a2）；

❑ PIP_Icon 欧美休闲风游戏图标（https://civitai.com/models/133297/pipicon）；

❑ Ink Icon| 极简抽象黑白图标（https://www.liblib.art/modelinfo/e27c076e6e7a4573ae03ff0025a2ed1f）；

❑ 水墨风图标 ICON（https://www.liblib.ai/modelinfo/22c0a040d7d54ff584977d05304171f5）。

下面是常用的应用 Icon 类 LoRA 模型，效果如图 7-48 所示。

❑ 3D 电商模型（https://www.liblib.art/modelinfo/dba95d73ac5d4189bf1f12f2394fc727）；

❑ APP ICONS – SDXL（https://civitai.com/models/149101/app-icons-sdxl）；

❑ Icons.Redmond（https://civitai.com/models/122827/iconsredmond-app-icons-lora-for-sd-xl-10）；

❑ 互联网金融 Icon（https://www.liblib.art/modelinfo/d5bdf73f0b2d49619eda7e79d99d
e0d7）。

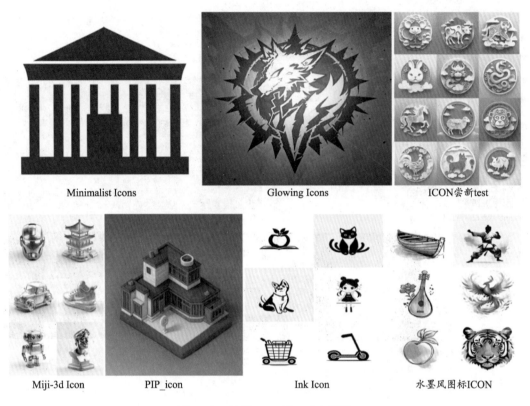

Minimalist Icons　　　　　　Glowing Icons　　　　　　ICON尝新test

Miji-3d Icon　　　PIP_icon　　　　　Ink Icon　　　　水墨风图标ICON

图 7-47　风格 Icon 类 LoRA 模型

3D电商模型　　　　APP ICONS-SDXL　　　　Icons.Redmond　　　互联网金融Icons

图 7-48　应用 Icon 类 LoRA 模型

下面以设计游戏中的宝盒为例，展示游戏宝盒 LoRA 模型（https://civitai.com/
models/72061）的生成效果，如图 7-49 第一排所示。

游戏用户需要上传图像作为账号头像，下面以头像框 LoRA 模型（https://civitai.com/
models/102886）为例，生成效果如图 7-49 第二排所示。

使用 LoRA 模型（https://civitai.com/models/133297/pipicon）展示游戏中的医院、超市、家具的设计效果，如图 7-49 第二排所示。

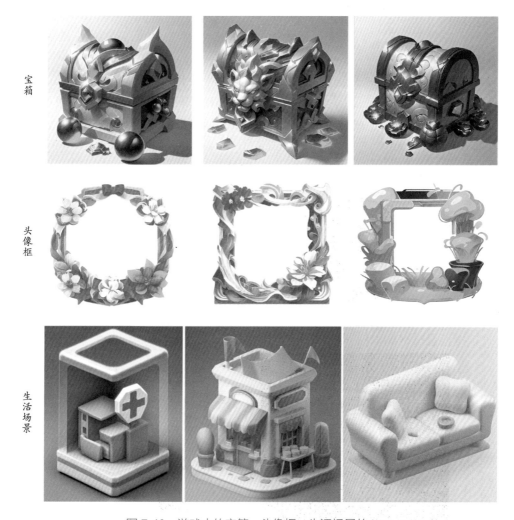

图 7-49　游戏中的宝箱、头像框、生活场景的 Icon

7.6.4　基于 Midjourney 生成 Logo 或 Icon

如果提示词使用得当，使用 Midjourney 直接生成 Logo 或 Icon 的效果较好。在基于 Prompt 直接生成 Logo 时，一般要注意以下内容：

❑ 主题，与餐馆、运动会还是环保团体相关？明确主题更容易获得对应的效果。

❑ 画风，如扁平、简约、卡通、水墨和剪纸等。

❑ 感觉，如科技感、高级感、温馨、可爱、干净等。

❑ 色彩，如果直接生成的效果不佳，可明确色彩搭配与背景颜色。

❑ 风格，如极简主义，De Stijl 等。

❑ 底图，可以添加参考图片进行更好的引导。

Logo 标识通常可以分为 5 种类型，分别是品牌 / 图案、徽章、抽象、吉祥物、文字标识。下面使用相应的提示词在 Midjourney 中逐一进行演示。当然，基于 Midjourney 也可以生成游戏、App 或网站所需的 Icon，基本思路与生成 Logo 一致，效果也非常好，这里不再赘述。

1. 品牌 / 图案

这里以生成极简风的"创意心智"图案为例，使用提示词 Vector graphic logo of creative mind, simple minimal, by Rob Janoff –no realistic photo details，生成效果如图 7-50 所示。其中，by Rob Janoff 或 in style of Rob Janoff 表示参考苹果 Logo 的设计风格。

图 7-50　创意心智图案

2. 徽章

这里以生成带有大学形象标记的足球队队徽为例，使用提示词 Emblem for a college football team, East Lake university,simple minimal，生成效果如图 7-51 所示。

3. 抽象

这里以为发电厂生成灯泡形状的 Logo 为例，使用提示词 Flat geometric vector graphic logo of geometric light bulb，radial repeating, simple minimal, by Ivan Chermayeff，生成效果如图 7-52 所示。

图 7-51　大学足球队队徽效果

图 7-52　发电厂的灯泡形状 Logo

4. 吉祥物

下面以为"老乡鸡"快餐生成鸡吉祥物 Logo 为例，使用提示词 Simple mascot for Laoxiang chicken Chinese fast-food restaurant, Chinese style，生成效果如图 7-53 所示。

5. 字母

这里以为麦当劳生成新的字母 Logo 为例，使用提示词 Letter M logo, flat round typography, simple, by Steff Geissbuhler–no shading detail photo realistic colors outline，生成效果如图 7-54 所示。

图 7-53 "老乡鸡"快餐的 Logo   图 7-54 生成的麦当劳的字母 Logo

7.7 包装设计

产品外包装的设计通过线条、色彩和构图来传递品牌的理念和价值观。高辨识度、令人眼前一亮的包装能够快速抓住消费者的眼球，帮助产品在激烈的市场竞争中脱颖而出。

AI 绘画可以帮助设计师快速获得可商用的产品外包装设计效果图。通常，使用商品展示类 LoRA 模型可以获得更好的渲染效果，因此了解包装设计相关的 LoRA 模型及其特点是进行创意启发的基础。在 Liblib 和 Civitai 网站上，AI 绘画爱好者分享了大量优秀的 LoRA 模型，可以直接下载和使用。推荐使用以下广受好评的 LoRA 模型。

- 化妆品（https://www.liblib.art/modelinfo/f0a3e62685ce48289b79b4d38040e004）；
- 包装设计（https://www.liblib.ai/modelinfo/27614656b6994237b9bdd02aa00b6a4b）；
- SDXL Lora 3D Packages Design（https://civitai.com/models/263530/sdxl-lora-3d-packages-design）；
- 沐浴露瓶子（https://www.liblib.ai/modelinfo/706784a423014f0ab38163f3d7dd2e31）；
- 啤酒易拉罐产品包装设计（https://www.liblib.art/modelinfo/c9a73918bd7943299b0cb610095af9a1）；
- 陈皮的包装（https://www.liblib.art/modelinfo/dca75478f75f46c8a3089a329a33252d）；
- 长方形电子烟（https://www.liblib.art/modelinfo/5ccc3a3e70ea48a69c30b14992cfba34）；

❑ 化妆品瓶子（https://www.liblib.art/modelinfo/90daf51ac54a428093a5c21dc1e59367）；

❑ 礼盒和丝带（https://www.liblib.art/modelinfo/4b0e89c1d1004ff89341b044f7c85b6d）。

为了方便读者快速了解上述不同 LoRA 模型的使用效果，给出其官方示例图，如图 7-55
所示。

图 7-55 LoRA 模型效果展示

1. 纸盒、瓶与纸袋效果展示

根据使用经验，LoRA 模型（https://civitai.com/models/84503/bottle-and-paper-bag）的
渲染效果最佳，适合纸盒、包装袋、瓶体等多种包装形态。

下面以生成茶叶包装为例进行演示，使用提示词为 (a bottle of tea caddy paired with tea
leaf:1.3),(white jasmine:1.3),in the style of sculpture-based photography,gongbi,adposters,soft
light,1Glass bottle,Exhibition hall display,depth of field,fresh and elegant colors,<lora: 商品袋
子 :0.45>，生成的茶叶纸盒的包装效果如图 7-56 所示。

图 7-56　茶叶包装盒

　　此外，可以使用 LoRA 模型生成装果汁的玻璃瓶、装化妆品和沐浴露的瓶子、装宠物饲料的纸袋等，效果如图 7-57 所示。

图 7-57　其他包装设计示范

2．定制节日礼品包装袋

在端午、中秋、春节等传统节日期间，很多商家会定制节日类礼品袋。使用 AI 绘画和
PS 可以快速设计出多种样式的礼品袋。下面以定制包含文字 Happy New Year 与喜庆色彩
的生肖礼品袋为例，简要介绍其实现过程。

（1）使用 Ideogram（https://ideogram.ai/）生成文字并选择风格，使用提示词 A cute
mascot holding a banner with the words "Happy New Year" written on it，单击"生成"按钮
生成包含 Happy New Year 字样的牛年图像，如图 7-58 所示。

（2）将图 7-58 导入 PS 2024 中，使用矩形选框工具反选选择区域，使用创成式填充功
能以布袋子,包装袋为例，获得图 7-59 所示的牛年礼品袋效果图。

图 7-58　生成 Happy New Year 字样的牛年图像

图 7-59　效果图展示

第 **8** 章

海报设计

本章主要介绍 AI 绘画如何辅助设计商业海报。从应用的角度可以将海报分为产品展示海报和文字类宣传海报两种类型。针对两种海报的不同性质，提出了 4 种 AI 绘画辅助解决方案，结合 PS 等图像编辑工具弥补 AI 绘画的不足，可以显著降本增效。在介绍完 AI 海报的常用解决方案后，将会展示其多种应用场景，供读者参考。

8.1 AI 海报的常用解决方案

使用 AI 绘画制作海报有以下 4 种辅助方式：

❑ 直接生成海报：使用图生图的局部重绘直接生成背景图，然后挑选满意的图像进行精修。

❑ 更换背景：使用自己拍摄的产品图作为底图，将产品分割出来后重绘背景，再选择满意的背景后精修成图。

❑ 生成背景并添加文字：对于非产品类的海报，可以采用 AI 绘画生成背景，使用 PS 添加文案的方式进行处理。这种方式可以充分利用 AI 绘画的创意，同时可以避免 AI 绘画文字生成方面的不足。

❑ 直接生成文字版海报：对于非产品类的海报，如果文字较少、简单，且不是中文，也可以使用 Ideogram 等文字生成功能较强的 AI 绘画模型，直接尝试生成包含文字的海报。

8.1.1 直接生成海报

下面以生成化妆品展示背景为例，介绍使用 AI 绘画直接生成海报的过程。

1. 选择合适的 LoRA 模型

一般选择电商场景展示类的 LoRA 模型生成海报。根据产品特点和拟生成的效果，在 Liblib 与 Civitai 上搜索相关的 LoRA 模型并择优。这里选择 MOJZ_SDXL_ 产品摄影 LoRA 模型（https://www.liblib.art/modelinfo/e03fe73e9d8647d3a919a9bd8753c66f），将其下载，使用效果如图 8-1 所示。

图 8-1　官方效果

从图 8-1 可以看出，该 LoRA 模型的风格与效果可以满足化妆品海报的需求。

2. 使用图生图进行局部重绘

完全使用 SD-webUI 基于 LoRA 模型生成海报时，自动生成的化妆瓶设计效果，一般与实际商品相差甚远。因此这里采用的策略是保持拟展示的化妆瓶不变，使用上传重绘蒙版重绘化妆瓶的外背景，此时需要使用 ControlNet 控制商品的整体形状与三维空间的视觉效果。

这里以如图 8-2 所示的白色化妆瓶制作海报为例，演示如何直接生成商品海报的背景图。

图 8-2　底图

（1）打开 SD-webUI 的图生图，添加提示词：cinematic photo,bottle,close-up,blue theme, flower,blurry background,grey background,blurryforeground,simple background,<LoRA:mmk 产品场景摄影 :0.8>。

（2）选择"上传重绘蒙版"选项卡，使用 Segment Anything 得到该商品的蒙版，然后将其上传至"上传重绘蒙版"区域，如果 8-3 所示。

（3）在"上传重绘蒙版"区域中进行参数设置。其中：模型为 chilloutmix_NiPrunedFp32；蒙版模式为重绘非蒙版内容；重绘区域为整张图片；采样方法为 DPM ++2M SDE Karras；Steps 为 35；重绘幅度为 0.8；种子为 –1；提示词引导系数为 8；其余参数保持默认不变。

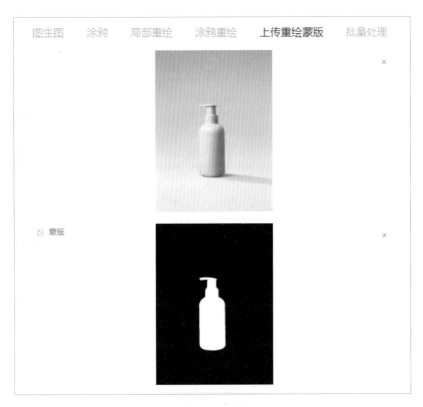

图 8-3　上传蒙版图

（4）打开 ControlNet 中的 ControlNet Unit0 并勾选"启用"复选框，导入化妆瓶商品图像，如图 8-4 所示。随后进行参数设置。勾选"上传独立的控制图像"复选框，控制类型为 Depth（深度），预处理器为 depth_leres++，控制权重为 0.75，引导终止时机为 0.85，其余参数保持默认不变。

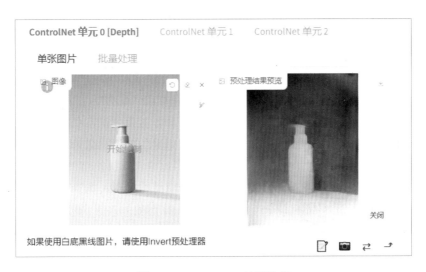

图 8-4　ControlNet 处理效果

（5）单击"生成"按钮，使用不同材质、光线和环境的相关提示词，获得批量效果图并从选取最优的效果图，如图 8-5 所示。

海盐　　　　　　　　　　　　　　　　　　　光影

海面　　　　　　　　　大理石　　　　　　　大理石　春日

图 8-5　商品效果图

由图 8-5 可见，使用 ControlNet 出图无法达到 MOJZ_SDXL_ 产品摄影 LoRA 模型在图 8-1 中所展示的效果。部分原因在于，ControlNet 虽然控制了商品的外观，防止生成多余的瓶子，但同时也限制了 AI 的想象力，很难做出"惊艳"的背景效果。通过尝试添加更多的背景提示词可以提升出图效果，但作用不明显，因此建议直接使用 PS 进行精修。

另外，当前在 Civitai 和 Liblib 中适合某类细分商品的 LoRA 场景模型较少，建议读者自行训练特定风格和特定商品的 LoRA 模型，以提升出图效果并提高可控性。

8.1.2　更换背景

除了直接生成海报外，还可以通过更换商品背景的方式快速制作海报。我们以某待售新化妆品为例（见图 8-6），通过 Segment Anything 获得化妆品的蒙版，然后使用文生图生成满意的背景图，再将商品通过 PS 放置在背景图里。这种方式可以保证生成如图 8-1 所示的背景效果，但化妆品与背景融合度会相对降低，通常需要精修化妆品边缘及附近区域来提升融合度。

下面详细介绍更换背景的方法。

1. 生成底图

（1）打开 SD-webUI 的文生图，选择真实风的 SD 模型，添加提示词为 pink rose, nature,pastel colors,floating sand,water, butterflies,dreamy,serene,soft focus,ethereal,bokeh background,calm water source light, pink stone,magical atmosphere,delicate。

然后进行参数设置。其中，模型为 chilloutmix_NiPrunedFp32，采样方法为 DPM ++2M SDE Karras，Steps 为 30，种子为 –1，提示词引导系数为 7，其余参数保持默认不变。

（2）打开 ControlNet 的 ControlNet Unit0，并勾选"启用"复选框，导入图像（图 8-6），设置参数。勾选完美像素模式，控制类型为 Canny，预处理器为 Canny，控制权重为 0.7，引导介入时机为 0.1，引导终止时机为 0.9，其余参数保持默认。

图 8-6　商品图

（3）单击"生成"按钮，批量生成底图，从中选择满意的效果图，如图 8-7 所示。如果没有满意的效果图，那么可以更换提示词，增加更多的构图、角度和光线的相关提示词来提升视觉效果。

（a）　　　　　　　　　（b）　　　　　　　　　（c）

图 8-7　底图

2. 商品蒙版并与背景结合

选择图 8-7（b）作为底图，在 Segment Anything 内打开所选底图，使用鼠标标记提取的化妆品，单击"预览分离结果"按钮，选择其中一张商品背景分离图保存至本地，用 PS 将商品背景分离图放置在底图中使之融合并保存，如图 8-8 所示。

（1）使用局部重绘融合背景。在图生图的局部重绘中，设置以下参数并书写对应背景的提示词。

模型为 chilloutmix_NiPrunedFp32，蒙版模式为重绘非蒙版内容，重绘区域为整张图片，采样方法为 DPM ++ SDE Karras，Steps 为 35，重绘幅度为 0.25，种子为 –1，提示词引导系数为 7，其余参数保持默认不变。

提 示 词 为 pink rose, nature,pastel colors,floating sand,water, butterflies , dream,serene,soft focus,bokeh background,calm water source light , pink stone, ,delicate。

（2）将商品（图 8-8）涂上蒙版，如图 8-9 所示。

图 8-8 PS 处理图

图 8-9 蒙版图

（3）单击"生成"按钮，获得批量图片，从中选择满意的效果图，如图 8-10 所示。如果不满意，那么可以更改提示词，提升视觉效果。

图 8-10　最终效果图

8.1.3　生成背景并添加文字

前两节介绍了化妆品海报的生成方法，此类海报一般无须添加文字或只需要添加一些简单的文字。但是有的海报需要添加文字，如节日海报、活动海报和促销海报等，本节将介绍这类海报的制作过程。

1. 使用 LoRA 模型生成特殊背景

根据拟设计的海报内容与风格，在 Civitai 上搜索相应的 LoRA 模型。如果没有合适的 LoRA 模型，可以自己训练个性化的 LoRA 模型。下面以生成过年的海报为例进行演示。

基于 SDXL1.0 底模，使用"红杏春晓·新春节庆"LoRA 模型（https://www.liblib.art/modelinfo/612208dcaed94f0b81bce318f9dd89e0）。在文生图中输入提示词：masterpiece,best quality,poster design,chinese text,bird, flower,red theme,festival,Chinese year，单击"生成"按钮，获得如图 8-11 所示过年海报背景图。

从图 8-11 所示的背景图中可看出，此类海报生成的字体怪异，无法直接使用。因此，我们需要使用 PS 放入相关文字。

2. 给海报添加文字

选择图 8-11（c）作为底图，清除乱码文字。

（1）上传底图，单击"运行 Segment Anything"按钮，如图 8-12 所示。

（a）　　　　　　　　　　（b）　　　　　　　　　　（c）

图 8-11　使用 LoRA 模型生成过年海报背景图

图 8-12　文字分离

（2）单击"创建蒙版"按钮，随后使用画笔将字体蒙上，单击"根据草图添加蒙版"按钮，如图 8-13 所示。

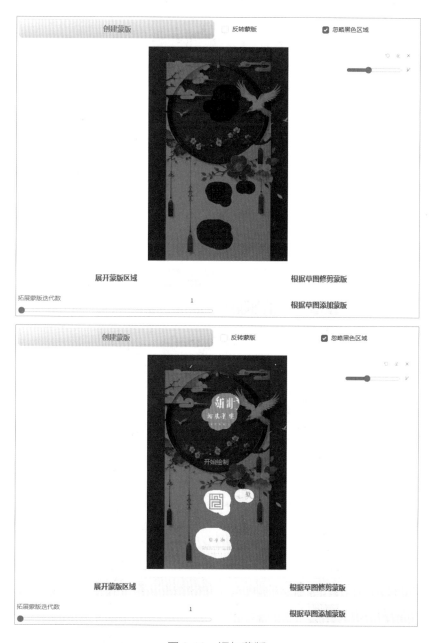

图 8-13　添加蒙版

（3）选择"清理器"选项卡，然后单击"运行清理器"按钮，随后将处理好的图片进行保存，如图 8-14 所示。

（4）用 PS 等软件在无字的背景上进行文字排版，制作完成的过年海报效果图如图 8-15 所示。

图 8-14   清除文字并保存

图 8-15   过年海报效果图

3. 直接生成插画背景

插画类海报适合儿童产品、图书、家居用品等需要营造特定氛围的商品。插画类海报背景制作的要点在于提示词的描述与宽、高的设置，全面且细致的描述能够使生成的图像更加符合预期。

为了提升生成效果，以 SDXL1.0 模型作为底模，提示词和参数设置如下，获得如图 8-16 所示的插画背景图。

提示词：2d,flat illustration,Fresh lemon,vibrant yellow tones,simple shape, softbackground, pale green tones,simple graphic elements,water ripples,harmony,fresh and natural,Minimalism style。

模型设置为 SDXL 基础模型，采样方法为 Euler a，Steps 为 30，种子为 –1，提示词引导系数为 7，其余参数保持默认不变。

图 8-16　直接生成插画背景

8.1.4　直接生成文字版海报

前面展示的案例需要先清除文字，然后使用 PS 进行文字排版，步骤较为烦琐。有没有使用 AI 直接生成文字版海报的方法呢？ Ideogram（https://ideogram.ai/）在一定程度上解决了 Midjourney、SD 等模型不能较好地生成文字的问题。在线使用 Ideogram，可以通过文生图制作出文字版的精美海报，如图 8-17 所示。

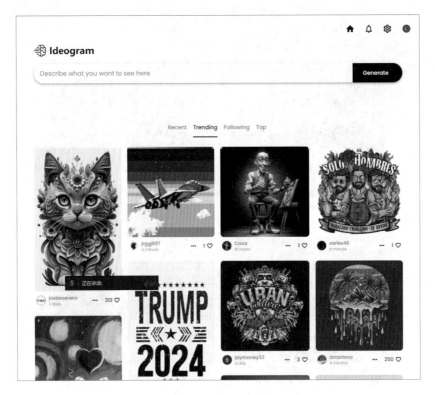

图 8-17　Ideogram 官方示例

下面设计一张内容为 if you mess up, just blame AI（如果搞砸了就怪 AI）的海报。在提示词文本框中输入描述词后，选择风格、图片比例与模型等，如图 8-18 所示。注意，AI 生成具有随机性，不能保证生成的文字都是正确的。单击 Generate 按钮，即可得到一张带有文字的海报，如图 8-19 所示。

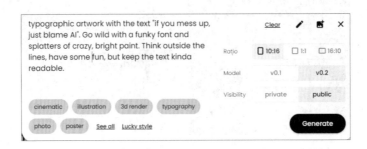

图 8-18　提示词

图 8-19　直接生成文字海报

8.2　场景展示

在 8.1 节中，我们通过案例展示了利用 AI 绘画生成海报的 4 种常用解决方案。灵活运用这些方案，可以制作不同场景、不同内容的海报。为了让读者更深入地掌握 AI 辅助海报设计的方法，下面展示了多种类型、风格的海报设计效果。在介绍实现过程时，由于设计技巧与流程在 8.1 节中已经详细展示过，因此不再对细节进行赘述，仅简单介绍所使用的平台、模型与步骤。

8.2.1　节日海报

下面以生成中秋节海报为例，演示利用 AI 绘画制作节日海报的流程。

（1）使用 SD-webUI 生成海报背景。提示词和参数设置如下：

提示词：cinematic film still masterpiece,best quality,<LoRA:zqhb-000009:0.8>,scenery, bunny,east Asianarchitecture,fullmoon,put the mooncakes on the plate,poster design,nightsky,border, shallow depth of field, vignette, highly detailed, high budget, bokeh, cinemascope, moody, epic, gorgeous, film grain。

设置模型为 dreamshaperXL10_alpha2Xl10 和 LoRA（https://civitai.com/models/148858/mid-autumn-poster），采样方法为 DPM ++ 2M SDE Karras，Steps 为 30，其余参数保持默认不变。

（2）单击"生成"按钮，生成中秋背景图，选择满意的一张图像如图 8-20（a）所示。然后使用 PS 将艺术字体嵌入背景图中，获得完整的中秋节海报效果图，如图 8-20（d）所示。

（3）采用同样的方法，分别使用包含龙年元素和圣诞特征的提示词，使用 SD-webUI 生成背景图，随后使用 PS 将制作的"龙年"与 chirstmas 等艺术字嵌入背景图，获得最终的海报效果图，如图 8-20（e）和图 8-20（f）所示。

图 8-20　节日海报示例

8.2.2　招聘海报

下面以生成企业招聘海报为例，演示利用 AI 绘画制作招聘海报的流程。

（1）使用 SD-webUI 生成海报背景。提示词和参数设置如下：

提示词：Recruitment poster, solid color background, a small number of artistic illustrations, beautiful。

设置模型为 majicmixRealistic_v6，采样方法为 DPM ++ 2M SDE Karras，Steps 为 30，其余参数保持默认不变。

（2）单击"生成"按钮批量生成招聘海报背景图，从中挑选出最满意的效果图如图 8-21（a）所示。

（3）使用 PS 将艺术字体嵌入背景图中，获得完整的企业招聘海报效果图，如图 8-21（d）所示。

　　采用同样的方法，分别使用招聘海报风格的提示词，再使用 SD-webUI 生成背景图，随后使用 PS 将制作的招聘海报相关艺术字嵌入背景图，获得最终的招聘海报效果图，如图 8-21（e）和图 8-21（f）所示。

图 8-21　招聘海报

8.2.3　活动海报

　　下面以生成音乐节海报为例，演示利用 AI 绘画制作活动海报的流程。

（1）使用 SD-webUI 生成海报背景。提示词和参数设置如下：

提示词：Poster,a poster for a music festival with a guitar,english text,no humans,copyright name,cover,cover page,instrument,text focus,guitar,electric guitar,magazine cover,gibson les paul,<lora:text cover-v1.3:0.8>

设置模型为 lbc_Simple_ 简约 _v1.0，lora（https://www.liblib.ai/modelinfo/bee95006f86 24bf3a2a9bf01b0d41873），采样方法为 Euler a，Steps 为 30，其余参数保持默认不变。

（2）单击"生成"按钮生成音乐节背景图，从中选择最满意的效果如图 8-22（a）所示。

（3）使用 PS 将艺术字嵌入背景图中，获得完整的音乐节海报效果图，如图 8-22（d）所示。

（4）采用同样的流程分别使用电影元素、篮球风格的提示词，使用 SD-webUI 生成背景图，随后使用 PS 将制作的风格化艺术字嵌入背景图，获得最终的海报效果图，如图 8-22（e）和图 8-22（f）所示。

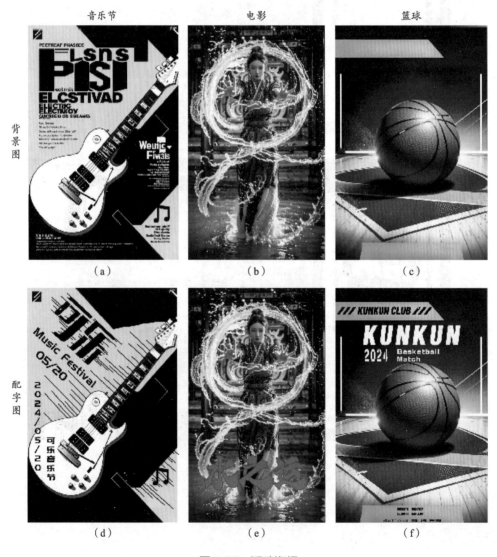

图 8-22　活动海报

8.2.4　促销海报

下面以生成新年促销海报为例，演示利用 AI 绘画制作促销海报的流程。

（1）使用 SD-webUI 生成海报背景。提示词和参数设置如下：

提示词：beauty,Sky,kirby,food,blue sky,day,outdoors,buildings,(pushing the shopping cart by hand),close-up,shopping carts with gift boxes,red envelopes,drinks,buildings on both sides,floating objects,8K,3d,c4d。

设置模型为 dreamshaperXL10_alpha2Xl10，采样方法为 DPM ++ 2M SDE Karras，Steps 为 30，其余参数保持默认不变。

（2）单击"生成"按钮批量生成新年促销海报背景图，从中挑选出最满意的效果图如图 8-23（a）所示。

（3）使用 PS 将艺术字体"年货节"嵌入背景图中，获得完整的新年促销海报效果图，如图 8-23（d）所示。

采用同样的方法，分别使用圣诞、双 11 风格的提示词，使用 SD-webUI 生成背景图，随后使用 PS 将制作的"圣诞快乐"与"双 11 大促"等艺术字嵌入背景图，获得最终的海报效果图，如图 8-23（e）和图 8-23（f）所示。

图 8-23　促销海报

8.2.5 商品海报

下面以生成耳机的商品海报为例,演示利用 AI 绘画制作商品海报的流程。

(1)使用 SD-webUI 生成海报背景。提示词和参数设置如下:

提示词: Chinese red colored earphonesMedium shot,no one,sofa background,best quality, real picture,intricate details,depth of field,Interior Photography,indoors,ikea style,light tone,beautiful lighting,raw photo,8k uhd,film grain,unreal engine 5,ray tracing.

设置模型为 majicmixRealistic_v6.safetensors,采样方法为 DPM ++ 3M SDE Karras, Steps 为 30,其余参数保持默认不变。

(2)单击"生成"按钮批量生成耳机商品背景图,从中挑选出满意的效果图如图 8-24(a) 所示。

(3)使用 PS 将商品嵌入背景图中,获得关于耳机的商品海报效果图,如图 8-24(d)所示。

(4)采用同样的方法,分别使用符合商品背景的提示词,使用 SD-webUI 生成背景图, 随后使用 PS 将其他商品嵌入背景图,获得最终的海报效果图,如图 8-24(e)和图 8-24(f) 所示。

图 8-24　商品海报

8.2.6　店铺招牌

下面以生成店铺招牌海报为案例，演示利用 AI 绘画制作店铺招牌海报的流程。

（1）使用 SD-webUI 生成海报背景。提示词和参数设置如下：

提示词：Solid color background,text,illustration，WordArt。

设置模型为 AnythingV5_v5PrtRE，采样方法为 DPM ++ 2M SDE Karras，Steps 为 30，其余参数保持默认不变。

（2）单击"生成"按钮批量生成店铺招牌背景图，从中挑选最满意的效果图如图 8-25（a）所示。

（3）使用 PS 将艺术字体嵌入背景图中，获得完整的店铺招牌海报效果图，如图 8-25（b）所示。

（4）采用同样的方法，分别使用与店铺招牌元素相关的提示词，使用 SD-webUI 生成背景图，随后使用 PS 将制作的 winesho 与"可学西餐厅"艺术字嵌入背景图，获得最终的海报效果图，如图 8-25（d）和图 8-25（f）所示。

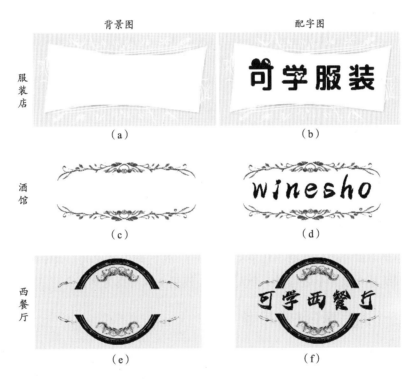

图 8-25　店铺招牌

第 9 章
个人写真

拍摄个人写真曾经一度在青年女性中风靡。在各大风景区、高校附近，总能找到写真拍摄工作室。通常，拍摄一套写真集，根据风格、场景和照片的数量，收费从 500 元到数万元不等。

自从 AI 绘画出现后，通过训练 LoRA 模型制作自己的写真集成为可能。不需要摄影师，不需要外景，不需要安排时间，更不需要担心个人照片被工作室滥用产生隐私泄露问题且无须支付费用，AI 绘画可以任意定制自己的写真集。在 AI 绘画中，使用训练好的 LoRA 或者写真模型，仅需文字描述或一张自己的照片即可批量生成个人写真集。

由于训练自己的 LoRA 模型具有一定的难度，因此市场上出现了多款定制 LoRA 模型生成个人写真集的收费应用，如妙鸭写真。使用这些应用，在手机端上传几张自己的照片，即可根据模板生成对应风格的个人写真集。

9.1 训练个人 LoRA 模型生成写真

用户选择个人照片（无须上传到网络，不存在隐私泄露问题），使用 LoRA 训练软件在本地训练用户的专属 LoRA 模型。基于 SD-webUI，可以用训练好的 LoRA 模型生成个人写真。下面以训练某女孩（小名可可）个人 LoRA 模型生成写真为例，介绍具体实现步骤。

9.1.1 训练个人写真 LoRA 模型

如果想获得效果较好的个人写真 LoRA 模型，训练集的素材照片需要满足以下 4 个基本条件：

- 主体内容清晰可辨，特征明显。
- 照片构图简单，无其他杂乱元素。
- 需要多角度、多表情的脸部特写，并且人物应该摘下眼镜。
- 还需要不同姿势、不同服装的全身照。

如图 9-1 展示了训练可可的 LoRA 模型所使用的训练集，该训练集包含不同角度、不同场景、不同发型等多样性的人物写真元素。

图 9-1　训练集

参考 2.3 节中 LoRA 模型训练的过程，将训练集进行裁剪、打标等图像预处理，结果如图 9-2 所示。

图 9-2　预处理结果

使用经过处理的训练集，参考 2.3 节中的训练过程与参数，基于 majicMIX realistic（https://www.liblib.ai/modelinfo/bced6d7ec1460ac7b923fc5bc95c4540）底模，使用秋叶版脚本完成 LoRA 模型的训练并将其命名为 Kekelora。

9.1.2 使用 LoRA 模型生成个人写真

使用 LoRA 模型可以生成个人写真，将 E:\lora-scripts-v1.4.1\lora-scripts-v1.4.1\output 目录中训练成功的 LoRA 模型复制到 E:\sd-webui-aki-v4.2\models\Lora 目录中，在提示词文本框内使用对应的 LoRA 模型。注意，此处为笔者的路径，读者应使用本地路径。

1. 使用训练好的 LoRA 模型直接生成个人写真

在文生图中，使用可可的 LoRA 模型，随后选择模型并输入提示词，且设置参数。

❑ 选择模型为 majicMIX realistic，外挂 VAE 为 Automatic，Clip 终止层数为 2。

❑ 输入提示词。以提示词 1 girl,masterpiece,best quality,<lora:Kekelora:0.7>,sweet dress, in the suit 为例，可以根据需要添加负面提示词。

❑ 设置参数。其中，采样方法为 DPM++ 2M Karras，Steps 为 20，种子为 –1，修改适宜的图像分辨率，以 512×768 为例，其他参数默认不变。如果生成的图像过拟合，那么可以适当降低提示词引导系数。

批量生成个人写真集后，用户可以从中选择满意的照片。如果需更多类型的写真照片，通过改写提示词，可以基于可可的 LoRA 模型生成不同场景、不同表情、不同服饰的个人写真，如图 9-3 所示。

图 9-3　个人写真

2．融合其他 LoRA 模型实现多种风格

基于可可的 LoRA 模型融合其他风格的模型，可以实现更多风格的写真集。以武侠风为例，下载武墨 LoRA 模型（https://civitai.com/models/47728/wumo），使用文生图提示词区域调整可可的 LoRA 及武墨 LoRA 的权重，以提示词 1 girl,masterpiece,best quality,<lora:Kekelora:0.55>,<lora:WuMo2:0.8> 为例，效果如图 9-4 所示。

图 9-4　融合武墨风格的个人写真

根据上面的步骤，继续展示可可的 LoRA 模型与汉服风格的 LoRA 模型（https://civitai.com/models/15365）的融合效果，以提示词 1 girl,masterpiece,best quality,<lora:Kekelora:0.62>, <lora:hanfu_v30:0.3>,hanfu,upper body 为例，效果如图 9-5 所示。

3．更换底模重新训练，实现其他风格

继续使用 9.1.1 节中的训练集，将训练底模更换为梦幻水彩大模型（https://www.liblib.art/modelinfo/f1f4d04417044118a53c777ec00d1c98），在新的底模上训练 LoRA 模型。按照前述 LoRA 模型的使用方法，可以直接生成梦幻水彩风格的个人写真，效果如图 9-6 所示。

图 9-5　汉服风格的个人写真

图 9-6　梦幻水彩风格的个人写真

将可可的新 LoRA 模型与机甲风 LoRA1 模型（https://www.liblib.art/modelinfo/979443
37fdfd4c939d4998b56ba8fda4）和机甲风 LoRA2 模型（https://www.liblib.art/modelinfo/e38d1
dd124624071ba35c2b960069481）相融合，生成动漫机甲风的个人写真，效果如图 9-7 所示。

图 9-7　动漫机甲风格的个人写真（上排为机甲 LoRA1，下排为机甲 LoRA2）

9.2　使用应用生成个人写真

如果因技术、时间及费用等因素的限制不能拍摄个人写真，可以使用妙鸭写真和其他
App 制作个人写真。我们使用手机就可以记录生活，展现独特的自我。

9.2.1　妙鸭写真

在微信中搜索"妙鸭相机"小程序，上传 20 张包含人脸的照片，选择喜欢的拍摄模板，支付 9.9 元的费用，即可生成高质量的写真，相较于线下拍摄时间长，费用高，拍摄程序冗繁的拍摄写真方式，妙鸭相机受到了众多年轻人的青睐，在使用高峰期间，甚至有4 000 ～ 5 000 人排队，等待时长超过十几个小时，使其成为全民追捧的应用。

1. 创建"数字分身"

将图 9-1 的训练集素材，按照妙鸭写真的要求上传，等待"数字分身"创建成功，如图 9-8 所示。

图 9-8　上传妙鸭写真素材

2. 选择写真模板

妙鸭相机提供了大量的写真模板，这些模板覆盖了各种写真风格和唯美场景，如图 9-9 所示。用户选择喜欢的模板（需要额外付费），基于创建好的"数字分身"即可生成自己喜欢的写真集。

使用图 9-9 所示的妙鸭写真集模板，其对应的使用效果如图 9-10 所示。

如意|"龙"重登场　　　　如意|时宜　　　　北国雪松

融雪之时　　　万物有灵|"柿柿"如意　　　万物有灵|云起龙骧

图 9-9　写真集模板

图 9-10　写真效果

9.2.2 应用商店

随着 AI 绘画的高速发展，在线训练个人 LoRA 模型的技术与算力门槛均得到了有效解决。在妙鸭相机爆火效应带动下，美图秀秀、小红书及其他创业公司都迅速推出了许多与妙鸭相机类似的写真应用，如图 9-11 所示。

图 9-11　写真应用

基于 AI 的写真应用对传统影楼形成了巨大的影响，但个人写真是一个低频场景。用户在使用 AI 写真应用时，第一次会觉得新鲜、有趣、惊艳，可以玩一整天，一旦丧失新鲜感后，缺乏新的需求和动力。虽然 AI 写真应用生成的照片已经可以媲美照相馆的现场拍摄效果，但在现实中，很少有人会采用 AI 写真来生成毕业纪念照、婚纱照等。很多纪念类写真赋予了美好的情感，AI 写真无法替代。同时，需要证明身份的证件照，AI 写真也无法保证和本人完全一致，确保能通过人脸检测。

低频、9.9 元的低价互联网营销策略、无法替代真实拍摄的情感寄托、市场充斥着大量雷同的应用、缺乏创新和持续吸引力，这 5 大因素导致写真类应用从爆火到无人问津仅经历了 4 个月。

除了妙鸭相机背靠阿里，在资金、技术和流量上拥有天然优势，大部分写真应用在跟随风口后快速失去影响力。以微信写真小程序 45AI 为例，它于 2023 年 7 月 22 日紧随妙鸭相机上市，并参考了妙鸭相机的 AI 写真技术及市场策略。与妙鸭相机一样，同样需要用户上传 9 ～ 15 张清晰的正面、侧面照，支付 9.9 元，即可在线获得一组 AI 生成的写真集。45AI 小程序上线的第二天，在妙鸭效应下，基于微信小程序的特殊流量通道，拥有很高的人气，但 4 个月后，人气显著下降。

另外，使用在线写真需要用户上传较多的个人照片，存在隐私泄露的风险。同时，基于用户特征训练好的"数字分身"也存在被不当使用的风险，这些无法回避的弊端也会限制在线 AI 写真的推广。

9.3　个人写真模型

Instant ID、Photo Maker、Portrait Master、FaceID、EasyPhoto 和 Make-A-Character 等模型插件以高度一致的面部识别技术而著称，它们无须使用训练集即可快速、准确地处理人物的面部细节，使得用户可以轻松地制作出高质量的人物肖像，极大地提升了处理图像的效率。

9.3.1　InstantID 简介

InstantID（https://github.com/InstantID）是一个不需要训练就能生成与底图高度相似的图像的工具。相较于妙鸭相机等实现人脸一致性的解决方案，InstantID 免去了收集素材、制作训练集、训练 LoRA 模型的烦琐步骤。

1. 在线使用

InstantID 是一个开源项目，根据官方文档指引，可实现本地部署。用户也可以使用在线平台（https://huggingface.co/spaces/InstantX/InstantID）进行尝试。InstantID 操作简单，例如，上传一张长发女孩的底图，使用提示词 1girl,Xizang,plateau,white fluffy hat，单击"提交"按钮即可生成在高原场景中佩戴白色绒毛帽的女孩图像，效果如图 9-12 所示。对比底图与结果图可以发现，虽然女孩穿着与所处场景已改变，但其脸部基本保持不变。

继续以图 9-12 所示的女孩为例，使用提示词尝试多种风格，效果如图 9-13 所示。

继续使用图 9-12 所示的底图，上传一张藏族女性图作为参考图，生成效果如图 9-14 所示。可以发现，InstantID 将二者进行自然融合，在保持原有女孩姿势与面部特征的基础上生成了全新的形象。

底图　　　　　　　　　　　　结果图

图 9-12　在线试用 InstantID 的效果

底图　　　　　Watercolor　　　　Film Noir　　　　Line art

图 9-13　InstantID 改变风格

底图　　　　　　　风格参考图　　　　　　　结果图

图 9-14　InstantID 参考风格

Replicate（https://replicate.com/zsxkib/instant-id）也提供了 InstantID 在线使用平台，使用方法与 Huggingface 基本一致，不再赘述。

2. 本地部署

参考 GitHub（https://github.com/Mikubill/sd-webui-controlnet/discussions/2589）上的指引，我们可以将 InstantID 部署在本地 SD-webUI 中，需要修改下载的两个模型的名称，即将 ipadapter model 重命名为 ip-adapter_instant_id_sdxl，ControlNet model 重命名为 control_instant_id_sdxl，然后放置在 E:\sd-webui\sd-webui-aki-v4.2\models\ControlNet\ 模型路径下。更新 ControlNet 版本，在 ControlNet 单元 0 中将 instant_id_face_embedding 设置为预处理器，ip-adapter_instant_id_sdxl 设置为模型，在 ControlNet 单元 1 中将 instant_id_face_keypoints 设置为预处理器，control_instant_id_sdxl 设置为模型。ControlNet 单元 0 的面部嵌入将用作 ControlNet 单元 1 输入的一部分。

下面以女孩头像融合为例进行演示。

（1）设置参数。选择模型 fenrisxl（https://civitai.com/models/122793/fenrisxl），外挂 VAE 为 Automatic，Clip 终止层数为 2，采样方法为 DPM++ 2M Karras，Steps 为 20，种子为 –1，图像分辨率为 512×512。其他参数默认不变，建议适当降低提示词引导系数 4 ~ 5。

（2）输入提示词：1girl, masterpiece, best quality,18years old, realistic, beautiful。随后按需添加常用的反向提示词。

（3）ControlNet 的参数设置分别如图 9-15 和图 9-16 所示。

图 9-15　ControlNet 单元 0 参数设置

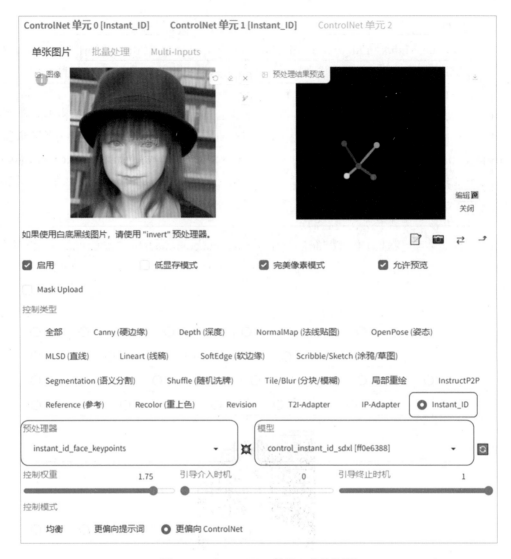

图 9-16　ControlNet 单元 1 参数设置

InstantID 的使用效果如图 9-17 所示。

图 9-17　InstantID 的使用效果

3. 效果展示

InstantID 在人像生成中的应用场景很多，其主要功能包括：

❑ 改变风格；

❑ 换脸、控制视角；

❑ 在合照中控制多人的脸部及人物风格；

❑ 通过控制权重，实现人物面部融合及人物形象抽象化。

9.3.2 PhotoMaker 简介

PhotoMaker（https://github.com/TencentARC/PhotoMaker）是腾讯于 2024 年初推出的真实人像模型，该模型可高效地定制化生成任意风格的逼真人类照片。通过提示词改变底图的内容或结合不同照片的特征，可生成新的个性化人像。

1. 安装与使用

PhotoMaker 是一个开源的项目，依照官方文档指引，可以方便地部署在本地计算机上并通过浏览器或 ComfyUI 进行调用。同时，PhotoMaker 也提供了在线试用平台，网址为 https://Huggingface.co/spaces/TencentARC/PhotoMaker。下面以生成迪士尼风格的爱因斯坦照片为例，演示 PhotoMaker 的操作过程。

在图 9-18 所示的左侧界面中，在提示词文本框中输入：a photo of a man img（注意，必须添加触发词 img）。选择 Disney Charactor 风格，单击 Submit 按钮，生成效果如图 9-18 右侧所示。

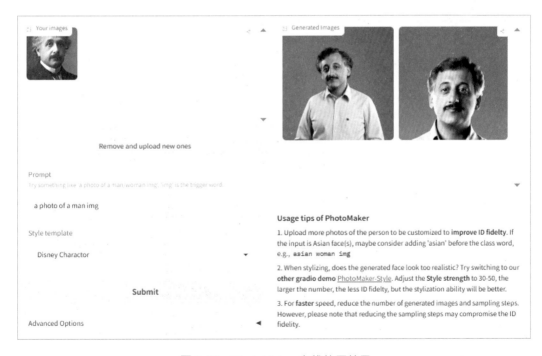

图 9-18 PhotoMaker 在线使用效果

2. 效果展示

PhotoMaker 具有以下功能：

☐ 使用提示词改变底图的风格；

☐ 通过提示词改变人像的属性（如配饰、性别、表情和年龄）；

☐ 融合不同风格的人物；

☐ 将艺术作品真实化。

针对上述 4 个功能，基于官方示例照片进行整合，获得的效果如图 9-19 所示。

图 9-19　PhotoMaker 效果展示

9.3.3 Portrait Master 简介

Portrait Master（https://github.com/ZHO-ZHO-ZHO/comfyui-portrait-master-zh-cn）是一款备受欢迎的人像写真 ComfyUI 插件。在 ComfyUI 中，使用 ComfyUI Manager 插件管理器，可以快速安装 ComfyUI Portrait Master 简体中文版。安装完成后，重启 ComfyUI 即可使用。

Portrait Master 插件提供了精细设置人像特征的可视化界面。由于其能够精确控制写真照片的创作细节，所以其生成的图像通常质量较高。

Portrait Master 插件可设置的参数如下：

❑ 面部特征：性别、国籍 _1、国籍 _2、体型、姿势、眼睛颜色、面部表情、脸型、发型、头发颜色、胡子等；

❑ 环境特征：镜头类型、灯光类型、灯光方向；

❑ 提示词：起始提示词、补充提示词、结束提示词、负面提示词。

以下面的参数设置为例，展示 Portrait Master 生成人像写真的流程。

（1）使用提示词：女性，黑色短发，东亚人，笑容，白色连衣裙，生成角色写真。

（2）用 OpenPose 将角色姿势控制为左手叉腰、右手下垂。

（3）通过参数设置调整角色细节，皮肤设为 0.8；眼睛设为 0.9；头发设为 0.7；背景设为 0.5。

（4）用负面提示词排除不需要的特征：没有胡子、没有帽子、没有纹身。

在 Portrait Master 插件界面中按上述步骤进行参数设置，生成的结果如图 9-20 所示。

图 9-20　Portrait Master 插件的使用效果

9.3.4 其他模型

1. FaceID 简介

腾讯出品的 IP Adapter 功能强大，能够使用图像提示词生成对应的风格与内容，因此一经推出便大受欢迎。2024 年 1 月，腾讯在 IP Adapter 基础上更新了新模型 FaceID，可大幅扩展人像写真的自由度与应用场景。

FaceID 模型新增的人脸识别模型提升了人脸合成的相似度，可以保证生成的人物角色的脸是同一张脸。可用于对角色一致性要求高的绘本或漫画制作中。用在真人写真中时，相当于精准生成指定的人脸，能保证 AI 生成的照片跟"我"特别像。

当前，FaceID 模型已经在 HuggingFace（https://huggingface.co/h94/IP-Adapter-FaceID）上开源，并提供了在线试用 Demo（https://huggingface.co/spaces/multimodalart/Ip-Adapter-FaceID）。

FaceID 模型包括 4 个版本，分别如下：

❑ IP-Adapter-FaceID 模型：采用人脸识别模型保证人脸一致性，只需要文本提示词即可生成不同场景和风格的人像。

❑ IP-Adapter-FaceID-Plus 模型：在人脸识别模型 ID Embedding 基础上增加 CLIP Embedding 来控制人脸结构，可组合使用 ID Embedding 和 CLIP Embedding 合成人像。

❑ IP-Adapter-FaceID-PlusV2 模型：在 IP-Adapter-FaceID-Plus 的基础上增加了调节人脸结构控制权重的新功能。

❑ IP-Adapter-FaceID-Portrait 模型：该模型支持合成各种风格的人脸图像。

当前，上述 4 个版本的 FaceID 模型不仅支持 SD 1.5 与 SDXL 两大基础模型，而且支持 ComfyUI 和 SD-WebUI 两大平台。

2. EasyPhoto 简介

EasyPhoto 是一个用于生成 AI 写真的 SD-webUI 插件，可用于训练个人"数字分身"。官方推荐使用 5 ~ 20 张人像照片进行训练，人像照片以不戴眼镜的半身照片最佳。个人"数字分身"（人脸 LoRA 模型）训练完成后，可在推理部分生成个人写真。在推理过程中，平台支持使用预设模板图像或上传个人图像。

生成完美的个人写真需要同时考虑生成场景和数字分身。EasyPhoto 使用预先设置的模板作为所需的生成场景，并使用在线训练的人脸 LoRA 模型作为"数字分身"，在推理过程中根据"数字分身"和预期生成场景生成个人写真。

可以看到，这个过程与妙鸭相机实现人像写真的过程基本一致，然而，EasyPhoto 是完全开源的，可以在 SD-webUI 上作为插件轻松部署，自由使用，其效果如图 9-21 所示。

3. Make-A-Character 简介

3D 人物角色制作是游戏和电影的重要应用场景。阿里巴巴在 2023 年发布了 Make-A-Character（https://github.com/Human3DAIGC/Make-A-Character），其可以根据提示词快速生成逼真的 3D 人像写真。

通过提示词描述生成的 3D 人物的脸型、五官、发型、颜色等特征，用户可使用 Make-

A-Character 高效率、规模化地生成超写实 3D 人物。生成的 3D 人物同时包含头像与服饰，并支持表情动画驱动。

EasyPhoto Results

图 9-21　EasyPhoto 的使用效果

Make-A-Character 模型基于高质量的精确人类标注数据集进行训练。因此，Make-A-Character 生成的人物是一个完整的全身（包括眼睛、舌头、牙齿和人物服装）模型，该 3D 人物模型具备复杂的骨骼绑定，支持标准动画。

由于 Make-A-Character 生成的 3D 人物模型具有面部可控、高逼真度、完整性、可动画化、行业兼容等特点，因此，该 3D 人物模型可直接应用于游戏等场景。

Make-A-Character 提供了在线试用 Demo（https://www.modelscope.cn/studios/XR-3D/InstructDynamicAvatar/summary），试用界面及效果如图 9-22 所示。

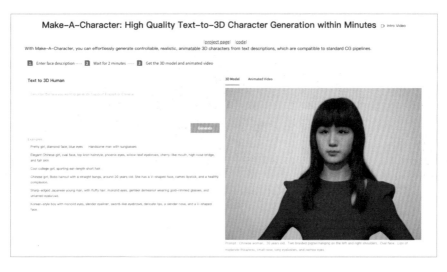

图 9-22　Make-A-Character 在线试用效果

9.3.5　小结

人们热衷于自拍并分享，乐于展现个性化的自我形象。基于 AI 的人像写真满足了这个需求，相关写真模型层出不穷并且正在快速进化。

InstantID 在二维人像的风格化、融合与保持人脸一致性上展现出了强大且完善的人像写真能力。腾讯出品的 PhotoMaker 与基于 IP Adapter 新模型 FaceID，在人像写真上基本能实现 Instant 的大部分功能，但效果略有差距。Portrait Master 能生成高度定制、高清且逼真的写真图像，但需要在 ComfyUI 中使用，门槛略高，而且 Portrait Master 需要结合具体的工作流才能实现人脸一致。

EasyPhoto 可以视作基于 SD-webUI 的开源版妙鸭相机，通过训练个人的 LoRA 模型，然后使用该 LoRA 模型生成个人写真。

阿里巴巴推出的 Make-A-Character 实现了 3D 人物定制，并且该 3D 人物模型可以直接用于游戏和电影特效中，大幅提高了 3D 人物建模的生产力。通过在线试用 Make-A-Character，我们可以制作自己的 3D 人物写真并放入三维场景中，十分有趣。

如图 9-23 和图 9-24 是 Instant ID 与 PhotoMaker 展示的常用 AI 人像生成模型的对比图。由图可见，各模型的效果均较好，各有特色。

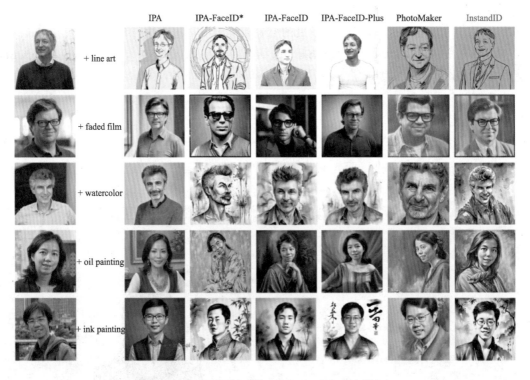

图 9-23　不同插件对比 1（InstantID 官方图）

图 9-24　不同插件对比 2（PhotoMaker 官方图）

　　需要特别指出的是，在 2024 年 3 月 11 日，Midjourney V6 推出了与保持风格一致性功能（--sref）相似的保持角色一致性的新功能（--cref）。风格一致性、角色一致性、场景一致性，是促进 AI 绘画进入生产管线、提供 AI 绘画出图可控性的重要功能，其实现难度由低到高。如今，利用 Midjourney V6 可以同时实现高质量风格一致性和角色一致性的图像，通过上传个人图像进行图生图，开启角色一致性，即可实现个人写真。